U0287132

广西农作物种质资源

丛书主编 邓国富

杂粮卷

覃初贤 覃欣广 望飞勇 等 著

科学出版社

北 京

内 容 简 介

本书概述了广西杂粮种质资源的类型、分布和优异特性，选录了"第三次全国农作物种质资源普查与收集行动"和"广西农作物种质资源收集鉴定与保存"两个项目收集的高粱、谷子、穄子、薏苡、籽粒苋和荞麦种质资源 265 份，对每份资源的采集地、类型及分布、主要特征特性、利用价值加以详细介绍。

本书内容丰富，图文并茂，适合大专院校师生、农业科研人员、人文地理研究者、农业管理部门工作者、杂粮作物种植及加工者、农技人员等阅读参考。

图书在版编目（CIP）数据

广西农作物种质资源. 杂粮卷 / 覃初贤等著. —北京：科学出版社，2020.6

　ISBN 978-7-03-064978-2

Ⅰ．①广⋯　Ⅱ．①覃⋯　Ⅲ．①杂粮 – 种质资源 – 广西　Ⅳ．① S32

中国版本图书馆 CIP 数据核字（2020）第 072470 号

责任编辑：陈　新　李　迪　田明霞／责任校对：郑金红
责任印制：肖　兴／封面设计：金舵手世纪

科学出版社 出版
北京东黄城根北街16号
邮政编码：100717
http://www.sciencep.com

北京九天鸿程印刷有限责任公司 印刷
科学出版社发行　各地新华书店经销

*

2020 年 6 月第　一　版　　开本：787×1092　1/16
2020 年 6 月第一次印刷　　印张：18 1/2
字数：436 000

定价：298.00 元
（如有印装质量问题，我社负责调换）

"广西农作物种质资源"丛书编委会

主 编
邓国富

副主编
李丹婷　刘开强　车江旅

编 委
（以姓氏笔画为序）

卜朝阳	韦　弟	韦绍龙	韦荣福	车江旅	邓　彪
邓杰玲	邓国富	邓铁军	甘桂云	叶建强	史卫东
尧金燕	刘开强	刘文君	刘业强	闫海霞	江禹奉
祁亮亮	严华兵	李丹婷	李冬波	李秀玲	李经成
李春牛	李博胤	杨翠芳	吴小建	吴建明	何芳练
张　力	张自斌	张宗琼	张保青	陈天渊	陈文杰
陈东奎	陈怀珠	陈振东	陈雪凤	陈燕华	罗高玲
罗瑞鸿	周　珊	周生茂	周灵芝	郎　宁	赵　坤
钟瑞春	段维兴	贺梁琼	夏秀忠	徐志健	唐荣华
黄　羽	黄咏梅	曹　升	望飞勇	梁　江	梁云涛
彭宏祥	董伟清	韩柱强	覃兰秋	覃初贤	覃欣广
程伟东	曾　宇	曾艳华	曾维英	谢和霞	廖惠红
樊吴静	黎　炎				

审 校
邓国富　李丹婷　刘开强

本书著者名单

主要著者

覃初贤　覃欣广　望飞勇

其他著者

邢钇浩　温东强

2018-330

Foreword 丛 书 序

农作物种质资源是农业科技原始创新、现代种业发展的物质基础,是保障粮食安全、建设生态文明、支撑农业可持续发展的战略性资源。近年来,随着自然环境、种植业结构和土地经营方式等的变化,大量地方品种迅速消失,作物野生近缘植物资源急剧减少。因此,农业部(现称农业农村部)于2015年启动了"第三次全国农作物种质资源普查与收集行动",以查清我国农作物种质资源本底,并开展种质资源的抢救性收集。

广西壮族自治区(后简称广西)是首批启动"第三次全国农作物种质资源普查与收集行动"的省(区、市)之一,完成了75个县(市)农作物种质资源的全面普查,以及22个县(市、区)农作物种质资源的系统调查和抢救性收集,基本查清了广西农作物种质资源的基本情况,结合广西创新驱动发展专项"广西农作物种质资源收集鉴定与保存",收集各类农作物种质资源2万余份,开展了系统的鉴定评价,筛选出一批优异的农作物种质资源,进一步丰富了我国农作物种质资源的战略储备。

在此基础上,广西农业科学院系统梳理和总结了广西农作物种质资源工作,组织全院科技人员编撰了"广西农作物种质资源"丛书。丛书详细介绍了广西农作物种质资源的基本情况、优异资源及创新利用等情况,是广西开展"第三次全国农作物种质资源普查与收集行动"和实施广西创新驱动发展专项"广西农作物种质资源收集鉴定与保存"的重要成果,对于更好地保护与利用广西的农作物种质资源具有重要意义。

值此丛书脱稿之际,作此序,表示祝贺,希望广西进一步加强农作物种质资源保护,深入推动种质资源共享利用,为广西现代种业发展和乡村振兴做出更大的贡献。

中国工程院院士 刘旭

2019 年 9 月

广西地处我国南疆，属亚热带季风气候区，雨水丰沛，光照充足，自然条件优越，生物多样性水平居全国前列，其生物资源具有数量多、分布广、特异性突出等特点，是水稻、玉米、甘蔗、大豆、热带果树、蔬菜、食用菌、花卉等种质资源的重要分布地和区域多样性中心。

为全面、系统地保护优异的农作物种质资源，广西积极开展农作物种质资源普查与收集工作。在国家有关部门的统筹安排下，广西先后于1955～1958年、1983～1985年、2015～2019年开展了第一次、第二次、第三次全国农作物种质资源普查与收集行动，还于1978～1980年、1991～1995年、2008～2010年分别开展了广西野生稻、桂西山区、沿海地区等单一作物或区域性的农作物种质资源考察与收集行动。

广西农业科学院是广西农作物种质资源收集、保护与创新利用工作的牵头单位，种质资源收集与保存工作成效显著，为国家农作物种质资源的保护和创新利用做出了重要贡献。经过一代又一代种质资源科技工作者的不懈努力，全院目前拥有野生稻、花生等国家种质资源圃2个，甘蔗、龙眼、荔枝、淮山、火龙果、番石榴、杨桃等省部级种质资源圃7个，保存农作物种质资源及相关材料8万余份，其中野生稻种质资源约占全国保存总量的1/2、栽培稻种质资源约占全国保存总量的1/6、甘蔗种质资源约占全国保存总量的1/2、糯玉米种质资源约占全国保存总量的1/3。通过创新利用这些珍贵的种质资源，广西农业科学院创制了一批在科研、生产上发挥了巨大作用的新材料、新品种，例如：利用广西农家品种"矮仔占"培育了第一个以杂交育种方法育成的矮秆水稻品种，引发了水稻的第一次绿色革命——矮秆育种；广西选育的桂99是我国第一个利用广西田东普通野生稻育成的恢复系，是国内应用面积最大的水稻恢复系之一；创制了广西首个被农业部列为玉米生产主导品种的桂单0810、广西第一个通过国家审定的糯玉米品种——桂糯518，桂糯518现已成为广西乃至我国糯玉米育种史上的标志性品种；利用收集引进的资源还创制了我国种植比例和累计推广面积最大的自育甘蔗品种——桂糖11号、桂糖42号（当前种植面积最大）；培育了一大批深受市场欢迎的水果、蔬菜特色品种，从钦州荔枝实生资源中选育出了我国第一个国审荔枝新品种——贵妃红，利用梧州青皮冬瓜、北海粉皮冬瓜等育成了"桂蔬"系列黑皮冬瓜（在华南地区市场占有率达60%以上）。1981年建成的广西农业科学院种质资源库是我国第一座现代化农作物种质资源库，是广西乃至我国农作物种质资源保护和创新利用的重要平台。这些珍贵的种质资源和重要的种质创新平台为推动我国种质创新、提高生物育种效率发挥了重要作用。

广西是2015年首批启动"第三次全国农作物种质资源普查与收集行动"的4个省（区、市）之一，圆满完成了75个县（市）主要农作物种质资源的普查征集，全面完成了22个县（市、区）农作物种质资源的系统调查和抢救性收集。在此基础上，广西壮族自治区人民政府于2017年启动广西创新驱动发展专项"广西农作物种质资源收集鉴定与保存"（桂科 AA17204045），首次实现广西农作物种质资源收集区域、收集种类和生态类型的3个全覆盖，是广西目前最全面、最系统、最深入的农作物种质资源收集与保护行动。通过普查行动和专项的实施，广西农业科学院收集水稻、玉米、甘蔗、大豆、果树、蔬菜、食用菌、花卉等涵盖22科51属80种的种质资源2万余份，发现了1个兰花新种和3个兰花新记录种，明确了贵州地宝兰、华东葡萄、灌阳野生大豆、弄岗野生龙眼等新的分布区，这些资源对研究物种起源与进化具有重要意义，为种质资源的挖掘利用和新材料、新品种的精准创制奠定了坚实的基础。

为系统梳理"第三次全国农作物种质资源普查与收集行动"和"广西农作物种质资源收集鉴定与保存"的项目成果，全面总结广西农作物种质资源收集、鉴定和评价工作，为种质资源创新和农作物育种工作者提供翔实的优异农作物种质资源基础信息，推动农作物种质资源的收集保护和共享利用，广西农业科学院组织全院20个专业研究所200余名专家编写了"广西农作物种质资源"丛书。丛书全套共12卷，分别是《水稻卷》《玉米卷》《甘蔗卷》《果树卷》《蔬菜卷》《花生卷》《大豆卷》《薯类作物卷》《杂粮卷》《食用豆类作物卷》《花卉卷》《食用菌卷》。丛书系统总结了广西农业科学院在农作物种质资源收集、保存、鉴定和评价等方面的工作，分别概述了水稻、玉米、甘蔗等广西主要农作物种质资源的分布、类型、特色、演变规律等，图文并茂地展示了主要农作物种质资源，并详细描述了它们的采集地、主要特征特性、优异性状及利用价值，是一套综合性的种质资源图书。

在种质资源收集、鉴定、入库和丛书编撰过程中，农业农村部特别是中国农业科学院等单位领导和专家给予了大力支持和指导。丛书出版得到了"第三次全国农作物种质资源普查与收集行动"和"广西农作物种质资源收集鉴定与保存"的经费支持。中国工程院院士、著名植物种质资源学家刘旭先生还专门为丛书作序。在此，一并致以诚挚的谢意。

广西农业科学院院长

2019 年 9 月

Contents 目　录

第一章
广西杂粮种质资源概述

广西属山地丘陵盆地，北回归线横贯中部，南濒热带海洋，北接南岭山地，西延云贵高原，有山地多、平原少的地形特点，又因地处中南亚热带季风气候区，形成气候温暖，热量丰富，降水丰沛，干湿分明，日照适中、冬少夏多，灾害频繁，旱涝突出，沿海、山地风能资源丰富的独特气候特点，从而孕育了丰富多样的杂粮作物种质资源。广西先后于1956~1958年、1983~1985年、1992~1995年进行了三次大规模的农作物种质资源考察收集，共收集并保存杂粮种质资源335份（左志明和陆平，1996），其中高粱92份、谷子65份、稼子47份、荞麦29份、薏苡93份、其他9份。

2015年9月，广西在全国首批启动了第三次全国农作物种质资源普查与收集行动，在此基础上，广西壮族自治区人民政府于2017年9月启动广西创新驱动发展专项"广西农作物种质资源收集鉴定与保存"，首次实现广西111个行政县（市、区）农作物种质资源收集全覆盖。截至2019年4月30日，广西农业科学院组织农作物资源调查队、各种作物考察小分队等，对广西13个地级市60个县（市、区）225个乡（镇）347个村的作物种质资源进行系统调查与抢救性收集，收集到主要杂粮作物种质资源520份，另普查征集杂粮作物种质资源110份，共收集杂粮作物种质资源630份，其中高粱226份、谷子83份、稼子99份、薏苡63份、籽粒苋87份、荞麦72份。经田间繁种鉴定评价和编目，向国家种质库提交高粱、谷子和稼子种质资源合计168份。

在收集得到的630份杂粮作物种质资源中，在桂林市12个县（市、区）收集到杂粮作物种质资源168份，占26.67%，其中高粱81份、谷子14份、稼子39份、薏苡11份、籽粒苋9份和荞麦14份；在河池市10个县（区）收集到杂粮作物种质资源167份，占26.51%，其中高粱44份、谷子29份、稼子15份、薏苡25份、籽粒苋34份和荞麦20份；在百色市11个县（市）收集到杂粮作物种质资源160份，占25.40%，其中高粱31份、谷子24份、稼子20份、薏苡15份、籽粒苋40份和荞麦30份；在柳州市5个县收集到杂粮作物种质资源74份，占11.75%，其中高粱40份、谷子9份、稼子9份、薏苡11份、籽粒苋2份和荞麦3份；在来宾市5个县（市）收集到杂粮作物种质资源21份，占3.33%，其中高粱11份、谷子5份、稼子2份、薏苡1份、籽粒苋1份和荞麦1份；在南宁市6个县（区）收集到杂粮作物种质资源16份，占2.54%，其中高粱7份、稼子5份、荞麦4份；上述6个地级市49个县（市、区）共收集杂粮作物种质资源606份，占收集到杂粮作物种质资源总数的96.19%，贺州市、梧州市、玉林市、贵港市、北海市、防城港市、崇左市7个地级市共收集杂粮作物种质资源24份，而在钦州市目前尚未收集到杂粮作物种质资源。

收集到的杂粮作物种质资源种类繁多，种植历史悠久，多为原生态的地方品种和野生种，具有明显的地域特色与优势。在226份高粱种质资源中有2份为野生高粱（拟高粱2份），224份为地方品种（粒用扫帚用高粱209份、爆粒高粱9份、甜高粱6份）；99份稼子资源、83份谷子资源均为地方品种；薏苡资源63份中有4份为地方老品种、4 份为水生薏苡种、55 份为野生种；籽粒苋资源 87 份中有野生苋 2 份、地方品种绿穗苋种 27 份、繁穗苋种 58 份；荞麦资源 72 份中有地方品种 56 份、野生荞麦种 16 份。

广西是我国多民族聚居的少数民族省份之一，民族之间生活习惯、习俗、生活方式各不一样，栽培利用或贮藏杂粮种子也存在差异，杂粮在大多数地区为零星种植，农户自行留种、自家食用。食用与药用、保健兼有，这些差异，致使广西杂粮种质资源种类丰富性、多样性极其突出。特别是穄属穄子，是广西古老而特有的粮食作物。广西杂粮富含多种营养成分，蕴藏着丰富的抗虫、抗病、抗逆性等抗性基因。在收集到的 630 份杂粮种质资源中，当地农户认为大多数资源有好吃（优质）、适应性广、抗旱、耐贫瘠、多用途等优良性状。随着农业供给侧结构调整的不断深入，杂粮将会有更广泛的用途，更多杂粮的介入，使粮食种类更多，品种更丰富、更好吃，满足了人民群众生活的需要。

杂粮种质资源的繁种、鉴定评价，综合了资源在采集地的性状表现、当地农户认知和繁种鉴定田间调查描述数据（陆平，2006a，2006b；张宗文和林汝法，2007；石明等，2017），于 2017 年 3 月至 2019 年 9 月对 520 多份杂粮资源进行两季或两年的鉴定评价。依据评价结果，筛选出高粱 69 份、谷子 41 份、穄子 38 份、薏苡 33 份、籽粒苋 45 份和荞麦 39 份并编入本书。

第二章
广西高粱种质资源

1. 高粱粟

【学名】*Sorghum bicolor*（广西壮族自治区中国科学院广西植物研究所，2016）

【采集地】广西玉林市北流市西埌镇西埌村。

【类型及分布】属于感温型地方品种，糯性，又称高粱麦、高棒等，现种植分布少。

【主要特征特性】[①] 在南宁种植，春播出苗至抽穗62天，株高226.6cm，茎粗1.03cm，主穗长度37.9cm，主穗柄长61.8cm，主穗柄粗0.72cm，单穗重38.43g，单穗粒重23.69g，千粒重18.63g，穗形帚形，颖壳红色，有芒，籽粒圆形，褐色，胚乳类型糯性。当地农户认为该品种适应性广，抗蚜虫，抗旱，耐贫瘠，但后期易早衰。

【利用价值】现直接在生产上种植利用，在当地已种植50年以上，一般3月播种，7月收获。农户自行留种，自家食用。籽粒主要用于煮粥、做糍粑等食用或喂猪饲用、酿酒等，常食对脾胃虚弱、消化不良者有疗效，嫩茎叶可作为牲畜饲料，穗秆脱粒后做扫把。

---

① 【主要特征特性】所列种质资源的农艺性状数据均为2017年3月至2019年9月田间鉴定数据的平均值，后文同

2. 宾州高粱

【**学名**】*Sorghum bicolor*

【**采集地**】广西南宁市宾阳县宾州镇展志村。

【**类型及分布**】属于感温型地方品种，粳性，又称高粱麦、高粱米等，现种植分布少。

【**主要特征特性**】在南宁种植，春播出苗至抽穗 55 天，株高 174.8cm，茎粗 0.58cm，主穗长度 27.3cm，主穗柄长 57.6cm，主穗柄粗 0.52cm，单穗重 14.40g，单穗粒重 10.35g，千粒重 15.76g，穗形帚形，颖壳褐色，有芒，籽粒卵形，褐色，胚乳类型粳性。当地农户认为该品种秆细、优质，抗虫，抗病，抗旱，但易倒伏。

【**利用价值**】现直接在生产上种植利用，在当地已种植 50 年以上，一般 7 月上旬播种，11 月收获。农户自行留种，自产自销。籽粒煮粥、做糍粑等食用或喂猪饲用，可酿酒等，茎秆可用于编织工艺品，穗秆脱粒后做扫把。

3. 三合高粱

【学名】*Sorghum bicolor*

【采集地】广西河池市东兰县三弄瑶族乡三合村。

【类型及分布】属于感光型地方品种，粳性，又称高粱麦、高棒、扫把麦等，现种植分布少。

【主要特征特性】在南宁种植，夏播出苗至抽穗 90 天，株高 361.8cm，茎粗 1.48cm，主穗长度 35.1cm，主穗柄长 55.9cm，主穗柄粗 0.75cm，单穗重 54.60g，单穗粒重 41.50g，千粒重 16.25g，穗形帚形，颖壳红色，有芒，籽粒卵形，黄色，胚乳类型粳性。当地农户认为该品种优质，抗旱，常食可降血压、降血脂。

【利用价值】现直接在生产上种植利用，在当地已种植 70 年以上，一般 6 月播种，11 月收获。农户自行留种，自产自销。籽粒煮粥、做糍粑、做糕点等食用或喂猪饲用、酿酒等，嫩茎叶可作为牲畜饲料，茎秆可造纸、做卷帘等，穗秆脱粒后做扫把。可作为培育高粱壮秆大穗型新品种的亲本材料。

4. 板定高粱

【**学名**】*Sorghum bicolor*

【**采集地**】广西河池市都安瑶族自治县百旺镇板定村。

【**类型及分布**】属于感温型地方品种，糯性，又称高糯、高棒等，百旺镇各村有零星种植分布。

【**主要特征特性**】在南宁种植，春播出苗至抽穗 63 天，株高 247.6cm，茎粗 1.07cm，主穗长度 47.4cm，主穗柄长 69.1cm，主穗柄粗 0.79cm，单穗重 41.75g，单穗粒重 29.10g，千粒重 14.77g，穗形帚形，颖壳黑色，有芒，籽粒卵形，橙色，胚乳类型糯性。当地农户认为该品种优质，抗旱，抗蚜虫，耐贫瘠。

【**利用价值**】现直接在生产上种植利用，在当地已种植 40 年以上，一般 3 月播种，7 月收获。农户自行留种，自产自销。籽粒煮粥、做糍粑、做糕点等食用或喂猪饲用，可酿酒等，嫩茎叶可作为牲畜饲料，茎秆可造纸、做卷帘等，穗秆脱粒后做扫把。可作为培育大穗型新品种的亲本材料。

5. 清塘高粱

【学名】*Sorghum bicolor*

【采集地】广西贺州市富川瑶族自治县葛坡镇合洞村。

【类型及分布】属于感温型地方品种，糯性，又称高糯、高棒等，葛坡镇各村有零星种植分布。

【主要特征特性】在南宁种植，春播出苗至抽穗 65 天，株高 204.5cm，茎粗 0.82cm，主穗长度 30.2cm，主穗柄长 65.0cm，主穗柄粗 0.68cm，单穗重 29.20g，单穗粒重 18.85g，千粒重 15.54g，穗形帚形，颖壳黄色，有芒，籽粒卵形，褐色，胚乳类型糯性。当地农户认为该品种优质，抗旱，抗蚜虫，抗锈病，耐贫瘠。

【利用价值】现直接在生产上种植利用，在当地已种植 50 年以上，一般 4 月播种，8 月收获。农户自行留种，自产自销。籽粒做糍粑、做糕点等食用或喂猪饲用，可酿酒等，嫩茎叶可作为牲畜饲料，穗秆脱粒后做扫把。

6.仁义高粱

【**学名**】*Sorghum bicolor*

【**采集地**】广西来宾市合山市河里镇仁义村。

【**类型及分布**】属于感温型地方品种，糯性，现种植分布少。

【**主要特征特性**】在南宁种植，春播出苗至抽穗 67 天，株高 231.3cm，茎粗 0.90cm，主穗长度 34.4cm，主穗柄长 59.0cm，主穗柄粗 0.70cm，单穗重 41.40g，单穗粒重 23.10g，千粒重 12.03g，穗形帚形，颖壳红色，有芒，籽粒椭圆形，褐色，胚乳类型糯性。当地农户认为该品种优质、抗旱、抗锈病、耐贫瘠。

【**利用价值**】现直接在生产上种植利用，在当地已种植 30 年以上，一般 2 月播种，7 月收获。农户自行留种，自产自销。籽粒做糍粑、煮粥等食用或喂猪饲用、酿酒等，嫩茎叶可作为牲畜饲料，穗秆脱粒后做扫把。

7. 麦米

【**学名**】*Sorghum bicolor*

【**采集地**】广西南宁市横县马山镇公平村。

【**类型及分布**】属于感光型地方品种，糯性，又称高麦、高粟等，现种植分布少。

【**主要特征特性**】在南宁种植，夏播出苗至抽穗 70 天，株高 330.1cm，茎粗 1.20cm，主穗长度 30.1cm，主穗柄长 57.0cm，主穗柄粗 0.81cm，单穗重 55.17g，单穗粒重 36.25g，千粒重 16.72g，穗形帚形，颖壳红色，有芒，籽粒卵形，白色，胚乳类型糯性。当地农户认为该品种优质，抗旱，抗蚜虫，抗锈病，耐贫瘠。

【**利用价值**】现直接在生产上种植利用，在当地已种植 40 年以上，一般 6 月播种，11 月收获。农户自行留种，自产自销。籽粒做糍粑、煮粥、做爆米花糖等食用或酿酒等，嫩茎叶可作为牲畜饲料，穗秆脱粒后做扫把，秆可造纸、做卷帘等。可作为培育高粱大穗品种的亲本材料。

8. 民权高粱

【学名】 *Sorghum bicolor*

【采集地】 广西河池市环江毛南族自治县水源镇民权村。

【类型及分布】 属于感温型地方品种，粳性，又称高粟、高糯等，现种植分布少。

【主要特征特性】 在南宁种植，春播出苗至抽穗 60 天，株高 218.3cm，茎粗 0.86cm，主穗长度 39.7cm，主穗柄长 68.5cm，主穗柄粗 0.53cm，单穗重 20.60g，单穗粒重 13.05g，千粒重 17.30g，穗形帚形，颖壳红色，有芒，籽粒卵形，褐色，胚乳类型粳性。当地农户认为该品种优质，抗旱，抗叶斑病，耐贫瘠。

【利用价值】 现直接在生产上种植利用，在当地已种植 50 年以上，一般 3 月播种，7 月收获。农户自行留种，自产自销。籽粒做糍粑、煮粥等食用，或与当地的小米、糯米、玉米、穇子一起酿九月九酒，穗秆脱粒后做扫把。

9. 大户高粱

【学名】*Sorghum bicolor*

【采集地】广西柳州市柳城县古砦仫佬族乡大户村。

【类型及分布】属于感温型地方品种，糯性，古砦仫佬族乡各少数民族村寨有零星种植分布。

【主要特征特性】在南宁种植，春播出苗至抽穗 63 天，株高 247.8cm，茎粗 0.98cm，主穗长度 48.8cm，主穗柄长 67.8cm，主穗柄粗 0.76cm，单穗重 18.67g，单穗粒重 10.90g，千粒重 15.34g，穗形帚形，颖壳黄色，有芒，籽粒卵形，褐色，胚乳类型糯性。当地农户认为该品种长穗，优质，抗旱，抗蚜虫，耐贫瘠。

【利用价值】现直接在生产上种植利用，在当地已种植 50 年以上，一般 4 月播种，8 月收获。农户自行留种，自产自销。籽粒做糍粑、煮粥等食用或酿酒等，穗秆脱粒后做扫把。可作为培育长穗型新品种的亲本材料。

10. 金华高粱

【学名】*Sorghum bicolor*

【采集地】广西桂林市平乐县源头镇金华村。

【类型及分布】属于感温型地方品种，糯性，现种植分布少。

【主要特征特性】在南宁种植，春播出苗至抽穗 73 天，株高 304.2cm，茎粗 1.19cm，主穗长度 46.3cm，主穗柄长 68.5cm，主穗柄粗 0.84cm，单穗重 25.75g，单穗粒重 11.25g，千粒重 12.41g，穗形伞形，颖壳黄色，有芒，籽粒卵形，褐色，胚乳类型糯性。当地农户认为该品种长穗，优质，抗旱，适应性广。

【利用价值】现直接在生产上种植利用，在当地已种植 50 年以上，一般 4 月播种，9 月收获。农户自行留种，自产自销。籽粒做糍粑、煮粥等食用或酿酒等，或喂猪饲用，穗秆脱粒后做扫把。可作为培育长穗型新品种的亲本材料。

11. 新寨高粱

【学名】*Sorghum bicolor*

【采集地】广西来宾市象州县百丈乡新寨村。

【类型及分布】属于感温型地方品种，糯性，百丈乡各村有零星种植分布。

【主要特征特性】在南宁种植，春播出苗至抽穗60天，株高238.2cm，茎粗0.87cm，主穗长度40.7cm，主穗柄长68.3cm，主穗柄粗0.67cm，单穗重37.60g，单穗粒重23.70g，千粒重19.21g，穗形帚形，颖壳黄色，有芒，籽粒卵形，褐色，胚乳类型糯性。当地农户认为该品种优质，抗蚜虫，抗叶枯病，抗旱，耐涝，耐贫瘠。

【利用价值】现直接在生产上种植利用，在当地已种植70年以上，一般7月上旬播种，11月上旬收获。农户自行留种，自产自销。籽粒做糍粑、煮粥等食用或酿酒等，常食用对脾胃虚弱、消化不良者有疗效，或喂猪饲用，穗秆脱粒后做扫把。

12. 金福高粱

【**学名**】*Sorghum bicolor*

【**采集地**】广西桂林市永福县罗锦镇金福村。

【**类型及分布**】属于感温型地方品种，糯性，现种植分布少。

【**主要特征特性**】在南宁种植，春播出苗至抽穗60天，株高180.3cm，茎粗0.65cm，主穗长度34.7cm，主穗柄长51.3cm，主穗柄粗0.51cm，单穗重20.35g，单穗粒重13.70g，千粒重13.09g，穗形帚形，颖壳红色，有芒，籽粒卵形，褐色，胚乳类型糯性。当地农户认为该品种优质，适应性广，耐贫瘠，但秆细，后期易早衰。

【**利用价值**】现直接在生产上种植利用，在当地已种植50年以上，一般4月上旬播种，7月下旬收获。农户自行留种，自产自销。籽粒做糍粑、煮粥等食用或酿酒等，穗秆脱粒后做扫把，秆可作为编织工艺品原料。

13. 罗香高粱

【**学名**】*Sorghum bicolor*

【**采集地**】广西来宾市金秀瑶族自治县罗香乡罗运村。

【**类型及分布**】属于感温型地方品种，糯性，现种植分布少。

【**主要特征特性**】在南宁种植，夏播出苗至抽穗 87 天，株高 213.8cm，茎粗 1.23cm，主穗长度 27.1cm，主穗柄长 49.8cm，主穗柄粗 0.76cm，单穗重 49.67g，单穗粒重 39.50g，千粒重 19.82g，穗形纺锤形，颖壳红色，有芒，籽粒卵形，褐色，胚乳类型糯性。当地农户认为该品种米质优，抗旱，耐贫瘠，但易早衰。

【**利用价值**】现直接在生产上种植利用，在当地已种植 50 年以上，一般 5 月播种，9 月收获。农户自行留种，自产自销。籽粒煮粥、做糍粑、做糕点等食用或喂猪饲用，可酿酒等，嫩茎叶可作为牲畜饲料，穗秆脱粒后做扫把。

14. 三茶高粱

【学名】*Sorghum bicolor*

【采集地】广西桂林市资源县梅溪镇三茶村。

【类型及分布】属于感温型地方品种，糯性，现种植分布少。

【主要特征特性】在南宁种植，春播出苗至抽穗 62 天，株高 184.5cm，茎粗 0.81cm，主穗长度 37.1cm，主穗柄长 53.9cm，主穗柄粗 0.60cm，单穗重 24.30g，单穗粒重 14.50g，千粒重 14.76g，穗形帚形，颖壳红色，有芒，籽粒卵形，褐色，胚乳类型糯性。当地农户认为该品种米质优，有香味，抗旱，抗蚜虫，抗锈病，耐贫瘠。

【利用价值】现直接在生产上种植利用，在当地已种植 30 年以上，一般 4 月播种，8 月收获。农户自行留种，自产自销。籽粒煮粥、做糍粑、做糕点等食用或喂猪饲用、酿酒等，穗秆脱粒后做扫把。

15. 杨家高粱

【学名】*Sorghum bicolor*

【采集地】广西桂林市资源县瓜里乡金江村。

【类型及分布】属于感温型地方品种，糯性，现种植分布少。

【主要特征特性】在南宁种植，春播出苗至抽穗 59 天，株高 238.7cm，茎粗 0.74cm，主穗长度 41.0cm，主穗柄长 65.4cm，主穗柄粗 0.63cm，单穗重 30.30g，单穗粒重 22.10g，千粒重 16.58g，穗形帚形，颖壳红色，有芒，籽粒卵形，橙色，胚乳类型糯性。当地农户认为该品种熟色好，抗旱，抗蚜虫，耐贫瘠。

【利用价值】现直接在生产上种植利用，在当地已种植 70 年以上，一般 5 月播种，9 月收获。农户自行留种，自产自销。籽粒做糍粑食用或喂猪饲用等，可酿酒，穗秆脱粒后做扫把，秆可加工编织工艺品。

16. 东流高粱

【学名】*Sorghum bicolor*

【采集地】广西桂林市灌阳县水车镇东流村。

【类型及分布】属于感温型地方品种，糯性，水车镇各村有零星种植分布。

【主要特征特性】在南宁种植，春播出苗至抽穗 67 天，株高 267.9cm，茎粗 0.85cm，主穗长度 39.2cm，主穗柄长 77.4cm，主穗柄粗 0.69cm，单穗重 27.35g，单穗粒重 19.15g，千粒重 20.75g，穗形帚形，颖壳褐色，有芒，籽粒椭圆形，橙色，胚乳类型糯性。当地农户认为该品种适应性广、优质、抗旱、抗蚜虫、耐贫瘠。

【利用价值】现直接在生产上种植利用，在当地已种植 20 年以上，一般 5 月播种，10 月收获。农户自行留种，自产自销。籽粒做糍粑食用或喂猪饲用等，可酿酒，穗秆脱粒后做扫把，秆可加工编织工艺品。可作为培育高粱大粒型新品种的亲本材料。

17. 龙塘高粱

【学名】*Sorghum bicolor*

【采集地】广西桂林市龙胜各族自治县江底乡龙塘村。

【类型及分布】属于感温型地方品种，糯性，现种植分布少。

【主要特征特性】在南宁种植，春播出苗至抽穗67天，株高241.7cm，茎粗0.77cm，主穗长度37.2cm，主穗柄长74.4cm，主穗柄粗0.60cm，单穗重33.50g，单穗粒重24.20g，千粒重17.67g，穗形帚形，颖壳灰色，有芒，籽粒椭圆形，褐色，胚乳类型糯性。当地农户认为该品种适应性广、优质、抗旱、耐贫瘠。

【利用价值】现直接在生产上种植利用，在当地已种植32年以上，一般4月播种，10月收获。农户自行留种，自产自销。籽粒煮粥、做糍粑食用或饲用等，可酿酒，穗秆脱粒后做扫把。

18. 崇岭高粱

【学名】*Sorghum bicolor*

【采集地】广西桂林市龙胜各族自治县三门镇交其村。

【类型及分布】属于感温型地方品种，糯性，现种植分布少。

【主要特征特性】在南宁种植，春播出苗至抽穗 65 天，株高 311.8cm，茎粗 0.98cm，主穗长度 40.8cm，主穗柄长 69.4cm，主穗柄粗 0.62cm，单穗重 33.50g，单穗粒重 24.20g，千粒重 17.67g，穗形帚形，颖壳黄色，有芒，籽粒圆形，褐色，胚乳类型糯性。当地农户认为该品种适应性广、抗病虫害、抗旱、耐贫瘠。

【利用价值】现直接在生产上种植利用，在当地已种植 32 年以上，一般 4 月播种，8 月收获。农户自行留种，自产自销。籽粒煮粥、做糍粑食用或饲用，加工后可制糖、酒、淀粉等，穗秆脱粒后做扫把。

19. 三江糯高粱

【学名】*Sorghum bicolor*

【采集地】广西桂林市恭城瑶族自治县三江乡大地村。

【类型及分布】属于感温型地方品种，糯性，现种植分布少。

【主要特征特性】在南宁种植，春播出苗至抽穗 83 天，株高 294.9cm，茎粗 1.49cm，主穗长度 52.0cm，主穗柄长 58.5cm，主穗柄粗 1.01cm，单穗重 46.60g，单穗粒重 27.70g，千粒重 17.71g，穗形帚形，颖壳红色，有芒，籽粒卵形，红色，胚乳类型糯性。当地农户认为该品种秆粗穗长，优质，抗旱，抗蚜虫，耐寒，耐贫瘠。

【利用价值】现直接在生产上种植利用，在当地已种植 70 年以上，一般 4 月播种，8 月收获。农户自行留种，自产自销。籽粒煮粥、做糍粑食用或饲用，加工后可制糖、酒、淀粉等，嫩茎秆可作为牲畜饲料，秆可造纸、做卷帘等，穗秆脱粒后做扫把。

20. 三江白高粱

【学名】*Sorghum bicolor*

【采集地】广西桂林市恭城瑶族自治县三江乡对面岭村。

【类型及分布】属于感光型地方品种，糯性，现种植分布少。

【主要特征特性】在南宁种植，夏播出苗至抽穗 68 天，株高 321.3cm，茎粗 1.32cm，主穗长度 35.8cm，主穗柄长 56.3cm，主穗柄粗 0.98cm，单穗重 82.40g，单穗粒重 68.35g，千粒重 19.93g，穗形帚形，颖壳黄色，无芒，籽粒卵形，白色，胚乳类型糯性。当地农户认为该品种优质，抗旱，抗蚜虫，抗叶锈病，耐寒，耐贫瘠。

【利用价值】现直接在生产上种植利用，在当地已种植 30 年以上，一般 6 月播种，11 月收获。农户自行留种，自产自销。籽粒做糍粑、爆米花糖等食用，嫩茎秆可作为牲畜饲料，秆可造纸、做卷帘等，穗秆脱粒后做扫把。可作为培育高粱大穗新品种的亲本材料。

21. 挖沟高粱

【**学名**】*Sorghum bicolor*

【**采集地**】广西桂林市恭城瑶族自治县西岭镇挖沟村。

【**类型及分布**】属于感温型地方品种，糯性，西岭镇各少数民族村寨有零星种植分布。

【**主要特征特性**】在南宁种植，春播出苗至抽穗 67 天，株高 271.3cm，茎粗 0.99cm，主穗长度 48.9cm，主穗柄长 86.8cm，主穗柄粗 0.66cm，单穗重 23.70g，单穗粒重 11.50g，千粒重 13.35g，穗形帚形，颖壳灰色，有芒，籽粒卵形，褐色，胚乳类型糯性。当地农户认为该品种长穗，优质，抗旱，抗蚜虫，抗叶锈病，耐贫瘠。

【**利用价值**】现直接在生产上种植利用，在当地已种植 30 年以上，一般 3 月播种，7 月收获。农户自行留种，自产自销。籽粒做糍粑食用或酿酒、饲用，穗秆脱粒后做扫把。可作为培育长穗新品种的亲本材料。

22. 古累高粱

【学名】*Sorghum bicolor*

【采集地】广西桂林市荔浦市新坪镇八鲁村。

【类型及分布】属于感温型地方品种，糯性，现种植分布少。

【主要特征特性】在南宁种植，春播出苗至抽穗 58 天，株高 200.5cm，茎粗 0.77cm，主穗长度 31.8cm，主穗柄长 62.1cm，主穗柄粗 0.64cm，单穗重 33.60g，单穗粒重 13.40g，千粒重 17.80g，穗形帚形，颖壳褐色，有芒，籽粒卵形，褐色，胚乳类型糯性。当地农户认为该品种早熟、优质、抗旱、抗蚜虫、抗叶锈病、耐贫瘠。

【利用价值】现直接在生产上种植利用，在当地已种植 30 年以上，一般 4 月播种，7 月收获。农户自行留种，自产自销。籽粒做糍粑食用或酿酒、饲用，穗秆脱粒后做扫把，茎秆可编织工艺品。

23. 新坪高粱

【**学名**】*Sorghum bicolor*

【**采集地**】广西桂林市荔浦市新坪镇大瑶村。

【**类型及分布**】属于感温型地方品种，糯性，现种植分布少。

【**主要特征特性**】在南宁种植，春播出苗至抽穗 73 天，株高 310.2cm，茎粗 1.09cm，主穗长度 48.9cm，主穗柄长 83.0cm，主穗柄粗 0.75cm，单穗重 33.60g，单穗粒重 13.40g，千粒重 17.80g，穗形帚形，颖壳黄色，有芒，籽粒卵形，褐色，胚乳类型糯性。当地农户认为该品种长穗，优质，抗旱，抗蚜虫，耐贫瘠。

【**利用价值**】现直接在生产上种植利用，在当地已种植 33 年以上，一般 4 月播种，7 月收获。农户自行留种，自产自销。籽粒做糍粑食用或酿酒、饲用，穗秆脱粒后做扫把。可作为培育长穗型新品种的亲本材料。

24. 介福高粱

【学名】*Sorghum bicolor*

【采集地】广西百色市凌云县逻楼镇介福村。

【类型及分布】属于感温型地方品种，粳性，现种植分布少。

【主要特征特性】在南宁种植，春播出苗至抽穗 65 天，株高 251.8cm，茎粗 1.04cm，主穗长度 40.5cm，主穗柄长 72.3cm，主穗柄粗 0.78cm，单穗重 51.70g，单穗粒重 44.30g，千粒重 17.80g，穗形帚形，颖壳红色，有芒，籽粒长圆形，橙色，胚乳类型粳性。当地农户认为该品种抗旱，抗蚜虫，耐贫瘠。

【利用价值】现直接在生产上种植利用，在当地已种植 30 年以上，一般 3 月播种，7 月收获。农户自行留种，自产自销。籽粒煮粥、做糍粑食用或酿酒、饲用，穗秆脱粒后做扫把。可作为培育高粱大穗型新品种的亲本材料。

25. 德峨高粱

【学名】*Sorghum bicolor*

【采集地】广西百色市隆林各族自治县德峨镇德峨村。

【类型及分布】属于感温型地方品种，粳性，德峨镇各村寨有零星种植分布。

【主要特征特性】在南宁种植，春播出苗至抽穗 62 天，株高 281.4cm，茎粗 0.99cm，主穗长度 41.7cm，主穗柄长 68.5cm，主穗柄粗 0.73cm，单穗重 35.60g，单穗粒重 24.90g，千粒重 18.01g，穗形帚形，颖壳红色，有芒，籽粒卵形，橙色，胚乳类型粳性。当地农户认为该品种优质、抗旱、抗蚜虫、耐寒、耐贫瘠。

【利用价值】现直接在生产上种植利用，在当地已种植 60 年以上，一般 3 月下旬播种，7 月下旬收获。农户自行留种，自产自销。籽粒煮粥、做糍粑食用或酿酒、饲用，穗秆脱粒后做扫把。

26. 平炉糯高粱

【学名】*Sorghum bicolor*

【采集地】广西梧州市岑溪市糯垌镇平炉村。

【类型及分布】属于感温型地方品种，糯性，现种植分布少。

【主要特征特性】在南宁种植，春播出苗至抽穗67天，株高150.5cm，茎粗0.90cm，主穗长度31.3cm，主穗柄长46.5cm，主穗柄粗0.64cm，单穗重17.45g，单穗粒重8.90g，千粒重15.21g，穗形伞形，颖壳红色，有芒，籽粒圆形，褐色，胚乳类型糯性。当地农户认为该品种矮秆，熟色好，优质，适应性广，耐贫瘠，但后期易早衰。

【利用价值】现直接在生产上种植利用，在当地已种植50年以上，一般3月上旬播种，7月下旬收获。农户自行留种，自产自销。籽粒煮粥、做糍粑食用或酿酒、饲用等，嫩茎叶可作为牲畜饲料，穗秆脱粒后做扫把。可作为培育矮秆新品种的亲本材料。

27. 红壳高粱

【学名】*Sorghum bicolor*

【采集地】广西百色市隆林各族自治县岩茶乡者艾村。

【类型及分布】属于感温型地方品种，粳性，现种植分布少。

【主要特征特性】在南宁种植，春播出苗至抽穗 65 天，株高 242.4cm，茎粗 1.03cm，主穗长度 39.5cm，主穗柄长 62.9cm，主穗柄粗 0.71cm，单穗重 39.10g，单穗粒重 31.25g，千粒重 15.29g，穗形帚形，颖壳红色，有芒，籽粒卵形，褐色，胚乳类型粳性。当地农户认为该品种抗旱，耐贫瘠，耐寒，但后期易早衰。

【利用价值】现直接在生产上种植利用，在当地已种植 60 年以上，一般 4 月播种，9 月收获。农户自行留种，自产自销。籽粒做糍粑食用或酿酒、饲用，穗秆脱粒后做扫把。

28. 委尧高粱

【学名】*Sorghum bicolor*

【采集地】广西百色市隆林各族自治县沙梨乡委尧村。

【类型及分布】属于感温型地方品种，粳性，现种植分布少。

【主要特征特性】在南宁种植，春播出苗至抽穗 65 天，株高 334.7cm，茎粗 1.12cm，主穗长度 36.7cm，主穗柄长 59.6cm，主穗柄粗 0.64cm，单穗重 19.36g，单穗粒重 16.90g，千粒重 11.57g，穗形帚形，颖壳红色，有芒，籽粒圆形，橙色，胚乳类型粳性。当地农户认为该品种适应性广、抗旱、抗蚜虫、耐贫瘠、耐涝，但成熟期易落粒。

【利用价值】现直接在生产上种植利用，在当地已种植 50 年以上，一般 4 月播种，8 月收获。农户自行留种，自产自销。籽粒做糍粑食用或酿酒，穗秆脱粒后做扫把。可作为高粱育种亲本。

29. 坝平高粱

【**学名**】*Sorghum bicolor*

【**采集地**】广西百色市隆林各族自治县沙梨乡坝平村。

【**类型及分布**】属于感温型地方栽培老品种，粳性，现种植分布少。

【**主要特征特性**】在南宁种植，春播出苗至抽穗 70 天，株高 356.1cm，茎粗 1.19cm，主穗长度 47.9cm，主穗柄长 80.3cm，主穗柄粗 0.82cm，单穗重 33.50g，单穗粒重 27.80g，千粒重 17.84g，穗形帚形，颖壳黑色，有芒，籽粒圆形，橙色，胚乳类型粳性。当地农户认为该品种穗长，抗旱，抗蚜虫，耐贫瘠，但成熟期易落粒。

【**利用价值**】现直接在生产上种植利用，在当地已种植 50 年以上，一般 4 月播种，8 月收获。农户自行留种，自产自销。籽粒做糍粑食用或酿酒，穗秆脱粒后做扫把。可作为培育易脱粒高粱新品种的亲本材料。

30. 八达高粱

【学名】*Sorghum bicolor*

【采集地】广西百色市西林县八达镇坡皿村。

【类型及分布】属于感温型地方品种，糯性，现种植分布少。

【主要特征特性】在南宁种植，春播出苗至抽穗82天，株高293.9cm，茎粗1.35cm，主穗长度41.3cm，主穗柄长60.7cm，主穗柄粗0.71cm，单穗重45.15g，单穗粒重32.05g，千粒重15.07g，穗形帚形，颖壳红色，有芒，籽粒圆形，褐色，胚乳类型糯性。当地农户认为该品种秆壮穗大、抗旱、抗蚜虫、耐贫瘠。

【利用价值】现直接在生产上种植利用，在当地已种植20年以上，一般4月播种，8月收获。农户自行留种，自产自销。籽粒做糍粑食用或酿酒，嫩茎叶可作为牲畜青饲料，穗秆脱粒后做扫把。可作为培育高粱长穗新品种的亲本材料。

31. 老土高粱

【学名】*Sorghum bicolor*

【采集地】广西南宁市武鸣区仙湖镇六冬村。

【类型及分布】属于感温型地方品种，糯性，现种植分布少。

【主要特征特性】在南宁种植，春播出苗至抽穗63天，株高252.1cm，茎粗0.86cm，主穗长度38.1cm，主穗柄长73.0cm，主穗柄粗0.68cm，单穗重29.00g，单穗粒重16.70g，千粒重16.70g，穗形帚形，颖壳黄色，有芒，籽粒卵形，橙色，胚乳类型糯性。当地农户认为该品种优质，抗旱，耐贫瘠。

【利用价值】现直接在生产上种植利用，在当地已种植70年以上，一般3月上旬播种，6月下旬收获。农户自行留种，自产自销。籽粒做糍粑食用或酿酒，嫩茎叶可作为牲畜青饲料，穗秆脱粒后做扫把。

32.新盏高粱

【学名】*Sorghum bicolor*

【采集地】广西南宁市隆安县布泉乡新盏村。

【类型及分布】属于感温型地方品种，粳性，现种植分布少。

【主要特征特性】在南宁种植，春播出苗至抽穗65天，株高235.4cm，茎粗0.91cm，主穗长度37.2cm，主穗柄长69.1cm，主穗柄粗0.69cm，单穗重34.50g，单穗粒重22.05g，千粒重11.99g，穗形帚形，颖壳红色，有芒，籽粒卵形，红色，胚乳类型粳性。当地农户认为该品种适应性广，抗旱，耐贫瘠，但植株易早衰。

【利用价值】现直接在生产上种植利用，在当地已种植50年以上，一般8月播种，11月收获。农户自行留种，自产自销。籽粒做糍粑食用或酿酒、做旅游产品等，嫩茎叶可作为牲畜青饲料，穗秆脱粒后做扫把。

33. 木山高粱

【**学名**】*Sorghum bicolor*

【**采集地**】广西南宁市上林县木山乡白境村。

【**类型及分布**】属于感温型地方品种，糯性，现种植分布少。

【**主要特征特性**】在南宁种植，春播出苗至抽穗 69 天，株高 290.8cm，茎粗 1.11cm，主穗长度 37.8cm，主穗柄长 64.6cm，主穗柄粗 0.82cm，单穗重 49.75g，单穗粒重 24.60g，千粒重 13.61g，穗形帚形，颖壳红色，有芒，籽粒卵形，褐色，胚乳类型糯性。当地农户认为该品种适应性广，优质，抗旱，耐贫瘠。

【**利用价值**】现直接在生产上种植利用，在当地已种植 50 年以上，一般 2 月播种，7 月收获。农户自行留种，自产自销。籽粒煮粥、做糍粑食用或酿酒、做旅游产品等，嫩茎叶可作为牲畜青饲料，穗秆脱粒后做扫把。

34. 良寨白高粱

【学名】*Sorghum bicolor*

【采集地】广西柳州市融水苗族自治县良寨乡培洞村。

【类型及分布】属于感光型地方品种，糯性，现种植分布少。

【主要特征特性】在南宁种植，夏播出苗至抽穗 78 天，株高 312.1cm，茎粗 1.12cm，主穗长度 30.7cm，主穗柄长 37.4cm，主穗柄粗 0.82cm，单穗重 27.20g，单穗粒重 17.90g，千粒重 17.22g，穗形杯形，颖壳黄色，无芒，籽粒卵形，白色，胚乳类型糯性。当地农户认为该品种晚熟，适应性广，优质，抗旱，抗蚜虫，抗锈病，耐贫瘠。

【利用价值】现直接在生产上种植利用，在当地已种植 50 年以上，一般 6 月播种，11 月收获。农户自行留种，自产自销。籽粒煮粥、做糍粑食用或酿酒、做旅游产品米花糖等，嫩茎叶可作为牲畜青饲料，穗秆脱粒后做扫把。可作为高粱育种的亲本材料。

35. 小圆粒高粱

【**学名**】*Sorghum bicolor*

【**采集地**】广西桂林市临桂区六塘镇诚桂村。

【**类型及分布**】属于感温型地方品种，糯性，现种植分布窄。

【**主要特征特性**】在南宁种植，春播出苗至抽穗 65 天，株高 261.1cm，茎粗 0.91cm，主穗长度 28.2cm，主穗柄长 65.1cm，主穗柄粗 0.71cm，单穗重 27.20g，单穗粒重 17.90g，千粒重 15.97g，穗形帚形，颖壳红色，有芒，籽粒圆形，褐色，胚乳类型糯性。当地农户认为该品种优质，抗旱，抗蚜虫，抗锈病，耐贫瘠。

【**利用价值**】现直接在生产上种植利用，在当地已种植 50 年以上，一般 3 月播种，7 月收获。农户自行留种，自产自销。籽粒煮粥、做糍粑食用或酿酒等，穗秆脱粒后做扫把。

36. 显里高粱

【学名】*Sorghum bicolor*

【采集地】广西桂林市兴安县漠川乡显里村。

【类型及分布】属于感温型地方品种，糯性，现种植分布少。

【主要特征特性】在南宁种植，春播出苗至抽穗 62 天，株高 243.6cm，茎粗 0.75cm，主穗长度 32.8cm，主穗柄长 67.7cm，主穗柄粗 0.60cm，单穗重 23.30g，单穗粒重 17.30g，千粒重 15.35g，穗形帚形，颖壳红色，有芒，籽粒卵形，褐色，胚乳类型糯性。当地农户认为该品种优质，抗旱，抗蚜虫，抗锈病，耐贫瘠。

【利用价值】现直接在生产上种植利用，在当地已种植 50 年以上，一般 3 月播种，7 月收获。农户自行留种，自产自销。籽粒煮粥、做糍粑食用或酿酒等，穗秆脱粒后做扫把。

37. 板桥高粱

【学名】*Sorghum bicolor*

【采集地】广西贺州市钟山县同古镇四合村。

【类型及分布】属于感温型地方品种，糯性，现种植分布少。

【主要特征特性】在南宁种植，春播出苗至抽穗65天，株高257.0cm，茎粗0.90cm，主穗长度31.9cm，主穗柄长76.1cm，主穗柄粗0.66cm，单穗重15.95g，单穗粒重10.90g，千粒重15.48g，穗形帚形，颖壳红色，有芒，籽粒卵形，褐色，胚乳类型糯性。当地农户认为该品种优质，抗旱，抗蚜虫，抗锈病，但易早衰。

【利用价值】现直接在生产上种植利用，在当地已种植50年以上，一般4月下旬播种，8月中旬收获。农户自行留种，自产自销。籽粒做年糕、糍粑食用或酿酒等，穗秆脱粒后做扫把。

38. 三堡高粱

【学名】*Sorghum bicolor*

【采集地】广西河池市天峨县三堡乡三堡社区。

【类型及分布】属于感温型地方品种，糯性，现种植分布少。

【主要特征特性】在南宁种植，春播出苗至抽穗76天，株高321.7cm，茎粗1.10cm，主穗长度47.6cm，主穗柄长69.1cm，主穗柄粗0.72cm，单穗重37.30g，单穗粒重26.80g，千粒重19.01g，穗形帚形，颖壳红色，有芒，籽粒卵形，橙色，胚乳类型糯性。当地农户认为该品种优质，抗旱，抗蚜虫，抗锈病。

【利用价值】现直接在生产上种植利用，在当地已种植50年以上，一般4月下旬播种，8月中旬收获。农户自行留种，自产自销。籽粒煮粥、做年糕、做糍粑食用或酿酒等，穗秆脱粒后做扫把。可作为培育长穗新品种的亲本材料。

39. 金鸡高粱

【学名】*Sorghum bicolor*

【采集地】广西来宾市武宣县金鸡乡仁元村。

【类型及分布】属于感温型地方品种，糯性，现种植分布少。

【主要特征特性】在南宁种植，春播出苗至抽穗60天，株高218.7cm，茎粗0.78cm，主穗长度31.9cm，主穗柄长65.7cm，主穗柄粗0.60cm，单穗重22.80g，单穗粒重11.85g，千粒重15.73g，穗形帚形，颖壳红色，有芒，籽粒圆形，褐色，胚乳类型糯性。当地农户认为该品种优质，抗旱，耐贫瘠。

【利用价值】现直接在生产上种植利用，在当地已种植50年以上，一般3月播种，7月收获。农户自行留种，自产自销。籽粒做年糕、糍粑食用或酿酒等，穗秆脱粒后做扫把。

40. 尚宁高粱

【学名】*Sorghum bicolor*

【采集地】广西来宾市忻城县城关镇尚宁村。

【类型及分布】属于感温型地方品种，粳性，现种植分布少。

【主要特征特性】在南宁种植，春播出苗至抽穗 60 天，株高 258cm，茎粗 1.10cm，主穗长度 31.9cm，主穗柄长 69.1cm，主穗柄粗 0.72cm，单穗重 40.05g，单穗粒重 33.40g，千粒重 14.32g，穗形帚形，颖壳红色，有芒，籽粒椭圆形，褐色，胚乳类型粳性。当地农户认为该品种优质，抗旱，抗蚜虫，抗锈病。

【利用价值】现直接应用于生产，适合在山区干旱瘠薄地种植，在当地已种植 70 年以上，一般 3 月播种，7 月收获。农户自行留种，自产自销。籽粒做年糕、做糍粑、煮粥食用或酿酒等，穗秆脱粒后做扫把。

41. 瑶乡白高粱

【**学名**】*Sorghum bicolor*

【**采集地**】广西防城港市上思县南屏瑶族乡汪乐村。

【**类型及分布**】属于感光型地方品种，粳性，现种植分布少。

【**主要特征特性**】在南宁种植，夏播出苗至抽穗90天，株高388.7cm，茎粗1.32cm，主穗长度36.2cm，主穗柄长42.6cm，主穗柄粗0.68cm，单穗重59.89g，单穗粒重41.71g，千粒重16.61g，穗形帚形，颖壳黄色，无芒，籽粒卵形，白色，胚乳类型粳性。爆粒率高，为97.4%，膨胀系数为10.71（陆平等，1995）。当地农户认为该品种结实率高，高秆粗壮，优质，抗旱，抗蚜虫。籽粒加工特性好。

【**利用价值**】现直接应用于生产，适合在山区干旱而缺乏灌溉的瘠薄地种植，在当地已种植70年以上，一般6月播种，11月收获。农户自行留种，自产自销。籽粒做年糕、糍粑、爆米花食用或酿酒等，嫩茎叶可作为牲畜饲料，脱粒后的穗秆可做扫把。

42. 灵田高粱

【学名】*Sorghum bicolor*

【采集地】广西桂林市灵川县灵田镇永正村。

【类型及分布】属于感温型地方品种，糯性，灵田镇各村有零星种植分布。

【主要特征特性】在南宁种植，春播出苗至抽穗 65 天，株高 242.6cm，茎粗 0.82cm，主穗长度 33.4cm，主穗柄长 56.0cm，主穗柄粗 0.64cm，单穗重 43.57g，单穗粒重 36.41g，千粒重 13.83g，穗形帚形，颖壳红色，有芒，籽粒椭圆形，褐色，胚乳类型糯性。当地农户认为该品种优质，抗旱，耐贫瘠。

【利用价值】现直接应用于生产，在当地已种植 50 年以上，一般 3 月播种，7 月收获。农户自行留种，自产自销。籽粒做糍粑、煮饭等食用或酿酒等，嫩茎叶可作为牲畜饲料，穗秆脱粒后做扫把。

43. 南坳高粱

【**学名**】*Sorghum bicolor*

【**采集地**】广西桂林市灵川县兰田瑶族乡南坳村。

【**类型及分布**】属于感温型地方品种，糯性，兰田瑶族乡各村寨有零星种植分布。

【**主要特征特性**】在南宁种植，春播出苗至抽穗 63 天，株高 289.3cm，茎粗 1.25cm，主穗长度 34.5cm，主穗柄长 60.7cm，主穗柄粗 0.78cm，单穗重 41.60g，单穗粒重 27.28g，千粒重 18.38g，穗形帚形，颖壳红色，有芒，籽粒卵形，褐色，胚乳类型糯性。当地农户认为该品种优质，抗旱，抗锈病，耐贫瘠。

【**利用价值**】现直接应用于生产，在当地已种植 50 年以上，一般 4 月播种，8 月收获。农户自行留种，自产自销。籽粒做糍粑、煮饭等食用或酿酒等，嫩茎叶可作为牲畜饲料，穗秆脱粒后做扫把。

44. 百都高粱

【学名】*Sorghum bicolor*

【采集地】广西百色市那坡县百都乡百都村。

【类型及分布】属于感温型地方品种，粳性，当地俗称高棒、高麦、高糯，现种植分布少。

【主要特征特性】在南宁种植，夏播出苗至抽穗 80 天，株高 300.4cm，茎粗 0.91cm，主穗长度 34.2cm，主穗柄长 55.0cm，主穗柄粗 0.69cm，单穗重 31.60g，单穗粒重 16.25g，千粒重 14.43g，穗形帚形，颖壳黑色，有芒，籽粒圆形，橙色，胚乳类型粳性。当地农户认为该品种优质，抗旱，耐贫瘠，但植株易倒伏，成熟时籽粒易落粒。

【利用价值】现直接应用于生产，在当地已种植 30 年以上，一般 3 月播种，7 月收获。农户自行留种，自产自销。籽粒做糍粑、煮粥等食用或酿酒等，嫩茎叶可作为牲畜饲料，穗秆脱粒后做扫把。可作为培育易脱粒新品种的亲本材料。

45. 底定高粱

【学名】*Sorghum bicolor*

【采集地】广西百色市靖西市南坡乡底定村。

【类型及分布】属于感温型地方品种，糯性，当地俗称高棒、高麦、扫把粟，现种植分布少。

【主要特征特性】在南宁种植，夏播出苗至抽穗80天，株高307.9cm，茎粗0.86cm，主穗长度36.1cm，主穗柄长60.4cm，主穗柄粗0.56cm，单穗重22.17g，单穗粒重17.00g，千粒重16.30g，穗形帚形，颖壳红色，有芒，籽粒卵形，褐色，胚乳类型糯性。当地农户认为该品种优质，适应性广，抗旱，耐贫瘠。

【利用价值】现直接应用于生产，在当地已种植70年以上，一般5月播种，9月收获。农户自行留种，自产自销。籽粒做糍粑、煮粥等食用或酿酒等，嫩茎叶可作为牲畜饲料，穗秆脱粒后做扫把。

46. 扶赖高粱

【学名】*Sorghum bicolor*

【采集地】广西百色市靖西市魁圩乡扶赖村。

【类型及分布】属于感温型地方品种、糯性、现种植分布少。

【主要特征特性】在南宁种植，夏播出苗至抽穗 78 天，株高 282.3cm，茎粗 0.91cm，主穗长度 30.9cm，主穗柄长 55.8cm，主穗柄粗 0.51cm，单穗重 26.54g，单穗粒重 17.46g，千粒重 13.04g，穗形帚形，颖壳红色，有芒，籽粒圆形，黄色，胚乳类型糯性。当地农户认为该品种优质，适应性广，抗旱，耐贫瘠，但茎叶中度早衰。

【利用价值】现直接应用于生产，在当地已种植 50 年以上，一般 7 月播种，10 月收获。农户自行留种，自产自销。籽粒做糍粑、煮粥等食用或酿酒等，嫩茎叶可作为牲畜饲料，穗秆脱粒后做扫把。

47. 更桥高粱

【学名】*Sorghum bicolor*

【采集地】广西百色市靖西市渠洋镇怀书村。

【类型及分布】属于感光型地方品种，粳性，现种植分布少。

【主要特征特性】在南宁种植，夏播出苗至抽穗 97 天，株高 353.4cm，茎粗 1.08cm，主穗长度 29.7cm，主穗柄长 47.0cm，主穗柄粗 0.73cm，单穗重 41.57g，单穗粒重 32.64g，千粒重 14.82g，穗形伞形，颖壳黄绿色，无芒，籽粒卵形，橙色，胚乳类型粳性。当地农户认为该品种高秆、优质、适应性广、抗旱、抗蚜虫、抗锈病、耐贫瘠。

【利用价值】现直接应用于生产，在当地已种植 50 年以上，一般 7 月播种，11 月收获。农户自行留种，自产自销。籽粒做糍粑、煮粥等食用或酿酒等，嫩茎叶可作为牲畜饲料，穗秆脱粒后做扫把。可作为培育抗蚜虫新品种的亲本材料。

48. 巴峙高粱

【学名】*Sorghum bicolor*

【采集地】广西百色市靖西市渠洋镇怀书村。

【类型及分布】属于感温型地方品种，粳性，现种植分布少。

【主要特征特性】在南宁种植，夏播出苗至抽穗 93 天，株高 355.3cm，茎粗 1.23cm，主穗长度 30.7cm，主穗柄长 44.4cm，主穗柄粗 0.75cm，单穗重 44.00g，单穗粒重 32.30g，千粒重 20.69g，穗形帚形，颖壳红色，有芒，籽粒圆形，黄色，胚乳类型粳性。当地农户认为该品种大粒、优质、适应性广、抗旱、抗蚜虫、抗锈病、耐贫瘠。

【利用价值】现直接应用于生产，在当地已种植 50 年以上，一般 7 月播种，11 月收获。农户自行留种，自产自销。籽粒做糍粑、煮粥等食用或酿酒等，嫩茎叶可作为牲畜饲料，穗秆脱粒后做扫把。

49. 红壳白高粱

【学名】*Sorghum bicolor*

【采集地】广西百色市靖西市渠洋镇渠洋村。

【类型及分布】属于感光型地方品种，粳性，现种植分布少。

【主要特征特性】在南宁种植，夏播出苗至抽穗 85 天，株高 349.1cm，茎粗 1.33cm，主穗长度 27.5cm，主穗柄长 46.2cm，主穗柄粗 0.75cm，单穗重 88.20g，单穗粒重 68.30g，千粒重 18.82g，穗形伞形，颖壳红色，无芒，籽粒卵形，白色，胚乳类型粳性。当地农户认为该品种大穗，高产，优质，适应性广，抗旱，抗蚜虫，抗叶枯病，耐贫瘠。

【利用价值】现直接应用于生产，在当地已种植 50 年以上，一般 6 月播种，11 月收获。农户自行留种，自产自销。籽粒做糍粑、煮粥、做米花糖等食用或酿酒等，嫩茎叶可作为牲畜饲料，穗秆脱粒后做扫把。可作为培育大穗新品种的亲本材料。

50. 多荣白高粱

【学名】*Sorghum bicolor*

【采集地】广西百色市德保县巴头乡巴头村。

【类型及分布】属于感光型地方品种，粳性，适宜在高海拔的山坡旱地种植，现种植分布少。

【主要特征特性】在南宁种植，夏播出苗至抽穗 85 天，株高 339.9cm，茎粗 1.24cm，主穗长度 40.1cm，主穗柄长 46.9cm，主穗柄粗 0.79cm，单穗重 69.87g，单穗粒重 53.25g，千粒重 18.99g，穗形帚形，颖壳红色，无芒，籽粒卵形，白色，胚乳类型粳性。当地农户认为该品种大穗、高产、优质、抗旱、抗蚜虫、抗叶锈病、耐寒、耐贫瘠。

【利用价值】现直接应用于生产，在当地已种植 100 年以上，一般 5 月播种，11 月收获。农户自行留种，自产自销。籽粒做糍粑、煮粥、做米花糖等食用或喂猪、酿酒等，嫩秆、叶可作为牲畜饲料，穗秆脱粒后做扫把。可作为培育大穗新品种的亲本材料。

51. 岩偿高粱

【学名】*Sorghum bicolor*

【采集地】广西百色市隆林各族自治县沙梨乡岩偿村。

【类型及分布】属于感温型地方品种，糯性，现种植分布少。

【主要特征特性】在南宁种植，夏播出苗至抽穗 85 天，株高 334.4cm，茎粗 1.12cm，主穗长度 30.7cm，主穗柄长 43.6cm，主穗柄粗 0.59cm，单穗重 35.50g，单穗粒重 20.12g，千粒重 10.72g，穗形帚形，颖壳黑色，有芒，籽粒圆形，棕色，胚乳类型糯性。当地农户认为该品种优质、抗旱、抗蚜虫、抗叶锈病、耐寒、耐贫瘠，但籽粒小。

【利用价值】现直接应用于生产，在当地已种植 50 年以上，一般 6 月播种，11 月收获。农户自行留种，自产自销。籽粒做糍粑、煮粥等食用或酿酒、饲用等，嫩秆、叶可作为牲畜饲料，穗秆脱粒后做扫把。

52. 沙里高粱

【**学名**】*Sorghum bicolor*

【**采集地**】广西百色市凌云县沙里瑶族乡沙里村。

【**类型及分布**】属于感光型地方品种，糯性，现种植分布少。

【**主要特征特性**】在南宁种植，夏播出苗至抽穗88天，株高313.2cm，茎粗1.13cm，主穗长度39.6cm，主穗柄长68.5cm，主穗柄粗0.73cm，单穗重45.03g，单穗粒重30.10g，千粒重15.26g，穗形帚形，颖壳紫色，有芒，籽粒卵形，黄色，胚乳类型糯性。当地农户认为该品种优质、抗旱、抗蚜虫、耐贫瘠，但晚熟、易早衰。

【**利用价值**】现直接应用于生产，在当地已种植30年以上，一般5月播种，11月收获。农户自行留种，自产自销。籽粒做糍粑、煮粥等食用或酿酒、饲用等，嫩秆、叶可作为牲畜饲料，穗秆脱粒后做扫把。

53. 押海高粱

【**学名**】*Sorghum bicolor*

【**采集地**】广西来宾市忻城县城关镇加海村。

【**类型及分布**】属于感温型地方品种，糯性，现种植分布少。

【**主要特征特性**】在南宁种植，夏播出苗至抽穗 68 天，株高 292.6cm，茎粗 1.28cm，主穗长度 36.0cm，主穗柄长 53.9cm，主穗柄粗 0.85cm，单穗重 55.63g，单穗粒重 40.94g，千粒重 10.30g，穗形帚形，颖壳红色，有芒，籽粒椭圆形，褐色，胚乳类型糯性。当地农户认为该品种适应性广、优质、抗旱、抗蚜虫、耐贫瘠，但籽粒小。

【**利用价值**】现直接应用于生产，在当地已种植 50 年以上，一般 3 月播种，7 月收获。农户自行留种，自产自销。籽粒做糍粑、煮粥等食用或酿酒、饲用等，嫩秆、叶可作为牲畜饲料，穗秆脱粒后做扫把。

54. 凤朝高粱

【学名】*Sorghum bicolor*

【采集地】广西河池市宜州区福龙瑶族乡凤朝村。

【类型及分布】属于感温型地方品种，糯性，现种植分布少。

【主要特征特性】在南宁种植，夏播出苗至抽穗60天，株高253.1cm，茎粗1.03cm，主穗长度35.5cm，主穗柄长61.9cm，主穗柄粗0.59cm，单穗重39.80g，单穗粒重30.10g，千粒重11.81g，穗形帚形，颖壳红色，有芒，籽粒卵形，褐色，胚乳类型糯性。当地农户认为该品种优质、抗旱、耐贫瘠，但易早衰。

【利用价值】现直接应用于生产，在当地已种植50年以上，一般3月播种，7月收获。农户自行留种，自产自销。籽粒做糍粑、煮粥等食用或酿酒、饲用等，嫩秆、叶可作为牲畜饲料，穗秆脱粒后做扫把。

55. 上忻高粱

【**学名**】*Sorghum bicolor*

【**采集地**】广西来宾市忻城县红渡镇红渡社区。

【**类型及分布**】属于感温型地方品种，糯性，现种植分布少。

【**主要特征特性**】在南宁种植，夏播出苗至抽穗 65 天，株高 266.2cm，茎粗 1.16cm，主穗长度 35.3cm，主穗柄长 60.3cm，主穗柄粗 0.79cm，单穗重 29.60g，单穗粒重 22.50g，千粒重 12.42g，穗形帚形，颖壳红色，有芒，籽粒圆形，褐色，胚乳类型糯性。当地农户认为该品种优质，抗旱，耐贫瘠，但早衰严重。

【**利用价值**】现直接应用于生产，在当地已种植 50 年以上，一般 4 月播种，8 月收获。农户自行留种，自产自销。籽粒做糍粑、煮粥等食用或酿酒、饲用等，穗秆脱粒后做扫把。

56. 龙脊高粱

【学名】*Sorghum bicolor*

【采集地】广西桂林市龙胜各族自治县龙脊镇大柳村。

【类型及分布】属于感温型地方品种，糯性，龙脊镇各村寨有零星种植分布。

【主要特征特性】在南宁种植，夏播出苗至抽穗 55 天，株高 188.2cm，茎粗 0.81cm，主穗长度 29.9cm，主穗柄长 42.3cm，主穗柄粗 0.55cm，单穗重 44.63g，单穗粒重 31.03g，千粒重 20.64g，穗形帚形，颖壳红色，有芒，籽粒圆形，褐色，胚乳类型糯性。当地农户认为该品种粒大、优质、抗旱、耐贫瘠。

【利用价值】现直接应用于生产，在当地已种植 50 年以上，一般 4 月播种，9 月收获。农户自行留种，自产自销。籽粒做糍粑等食用或酿酒、饲用、养鸟等，嫩茎叶可作为牲畜饲料，穗秆脱粒后做扫把。可作为培育大粒型新品种的亲本材料。

57. 土坪高粱

【学名】*Sorghum bicolor*

【采集地】广西桂林市龙胜各族自治县江底乡城岭村。

【类型及分布】属于感温型地方品种，中间型，现种植分布少。

【主要特征特性】在南宁种植，夏播出苗至抽穗 63 天，株高 213.1cm，茎粗 1.02cm，主穗长度 36.1cm，主穗柄长 59.0cm，主穗柄粗 0.76cm，单穗重 56.12g，单穗粒重 42.81g，千粒重 17.85g，穗形帚形，颖壳红色，有芒，籽粒圆形，褐色，胚乳类型中间型。当地农户认为该品种优质，抗旱，耐贫瘠，但易早衰。

【利用价值】现直接应用于生产，在当地已种植 50 年以上，一般 4 月播种，8 月收获。农户自行留种，自产自销。籽粒做糍粑等食用或酿酒、饲用等，嫩茎叶可作为牲畜饲料，穗秆脱粒后做扫把，也可作为美丽乡村旅游产品。

58.蒙洞高粱

【学名】*Sorghum bicolor*

【采集地】广西桂林市龙胜各族自治县平等镇蒙洞村。

【类型及分布】属于感温型地方品种，糯性，现种植分布少。

【主要特征特性】在南宁种植，夏播出苗至抽穗76天，株高312.1cm，茎粗1.01cm，主穗长度45.1cm，主穗柄长61.6cm，主穗柄粗0.63cm，单穗重26.80g，单穗粒重14.80g，千粒重15.67g，穗形帚形，颖壳红色，有芒，籽粒椭圆形，黄色，胚乳类型糯性。当地农户认为该品种长穗，优质，抗旱，耐寒，耐贫瘠，但植株易早衰。

【利用价值】现直接应用于生产，在当地已种植70年以上，一般6月播种，10月收获。农户自行留种，自产自销。籽粒做糍粑等食用或酿酒、饲用等，嫩茎叶可作为牲畜饲料，穗秆脱粒后做扫把，也可作为美丽乡村旅游产品。

59. 龙洋高粱

【学名】*Sorghum bicolor*

【采集地】广西百色市乐业县同乐镇龙洋村。

【类型及分布】属于感温型地方品种，糯性，同乐镇各村寨有零星种植分布。

【主要特征特性】在南宁种植，夏播出苗至抽穗88天，株高321.3cm，茎粗1.30cm，主穗长度34.4cm，主穗柄长59.2cm，主穗柄粗0.71cm，单穗重56.50g，单穗粒重40.10g，千粒重17.16g，穗形帚形，颖壳红色，有长芒，籽粒卵形，黄色，胚乳类型糯性。当地农户认为该品种晚熟，优质，抗旱，耐寒，耐贫瘠，但植株易早衰。

【利用价值】现直接应用于生产，在当地已种植70年以上，一般3月播种，7月收获。农户自行留种，自产自销。籽粒做糍粑等食用或酿酒、饲用等，穗秆脱粒后做扫把。

60. 弄王高粱

【学名】*Sorghum bicolor*

【采集地】广西百色市凌云县泗城镇陇浩村。

【类型及分布】属于感温型地方品种，糯性，现种植分布少。

【主要特征特性】在南宁种植，夏播出苗至抽穗88天，株高239.1cm，茎粗1.13cm，主穗长度32.8cm，主穗柄长53.4cm，主穗柄粗0.68cm，单穗重47.90g，单穗粒重33.80g，千粒重17.69g，穗形帚形，颖壳紫色，有芒，籽粒圆形，褐色，胚乳类型糯性。当地农户认为该品种晚熟、优质、抗旱、耐寒、耐贫瘠。

【利用价值】现直接应用于生产，在当地已种植70年以上，一般3月播种，7月收获。农户自行留种，自产自销。籽粒做糍粑等食用或酿酒、饲用等，穗秆脱粒后做扫把。

61. 弄美高粱

【**学名**】*Sorghum bicolor*

【**采集地**】广西河池市巴马瑶族自治县西山乡干长村。

【**类型及分布**】属于感温型地方品种，糯性，现种植分布少。

【**主要特征特性**】在南宁种植，夏播出苗至抽穗 90 天，株高 222.1cm，茎粗 1.01cm，主穗长度 29.9cm，主穗柄长 49.5cm，主穗柄粗 0.66cm，单穗重 45.50g，单穗粒重 35.06g，千粒重 11.37g，穗形帚形，颖壳紫色，有芒，籽粒卵形，黄色，胚乳类型糯性。当地农户认为该品种晚熟、优质、抗旱、耐寒、耐贫瘠。

【**利用价值**】现直接应用于生产，在当地已种植 50 年以上，一般 3 月播种，7 月收获。农户自行留种，自产自销。籽粒做糍粑等食用或酿酒、饲用等，穗秆脱粒后做扫把。

62. 甲坪高粱

【学名】*Sorghum bicolor*

【采集地】广西河池市南丹县八圩乡甲坪村。

【类型及分布】属于感温型地方品种，糯性，现种植分布少。

【主要特征特性】在南宁种植，夏播出苗至抽穗 60 天，株高 267.0cm，茎粗 0.94cm，主穗长度 37.1cm，主穗柄长 66.9cm，主穗柄粗 0.49cm，单穗重 15.15g，单穗粒重 9.10g，千粒重 14.55g，穗形帚形，颖壳黑色，有芒，籽粒椭圆形，橙色，胚乳类型糯性。当地农户认为该品种适应性广、优质、抗旱、耐寒、耐贫瘠，但茎叶易早衰。

【利用价值】现直接应用于生产，在当地已种植 50 年以上，一般 5 月播种，9 月收获。农户自行留种，自产自销。籽粒做糍粑等食用或酿酒、饲用等，穗秆脱粒后做扫把。

63. 庆兰高粱

【学名】*Sorghum bicolor*

【采集地】广西百色市平果市旧城镇庆兰村。

【类型及分布】属于感温型地方品种，粳性，现种植分布窄。

【主要特征特性】在南宁种植，春播出苗至抽穗 60 天，株高 201.9cm，茎粗 0.86cm，主穗长度 35.9cm，主穗柄长 60.7cm，主穗柄粗 0.75cm，单穗重 29.55g，单穗粒重 20.20g，千粒重 11.64g，穗形帚形，颖壳红色，有芒，籽粒卵形，褐色，胚乳类型粳性。当地农户认为该品种适应性广、优质、抗旱、抗蚜虫、抗锈病、耐贫瘠。

【利用价值】现直接在生产上应用，在当地已种植 15 年以上，一般 7 月播种，11 月收获。农户自行留种，自产自销。籽粒做糍粑等食用或酿酒、饲用等，穗秆脱粒后做扫把，嫩茎叶可作为牛、羊等牲畜饲料。

64. 白岭高粱

【学名】*Sorghum bicolor*

【采集地】广西桂林市全州县东山瑶族乡白岭村。

【类型及分布】属于感温型地方品种，糯性，现种植分布少。

【主要特征特性】在南宁种植，春播出苗至抽穗 63 天，株高 221.0cm，茎粗 0.97cm，主穗长度 28.4cm，主穗柄长 57.2cm，主穗柄粗 0.65cm，单穗重 22.53g，单穗粒重 18.76g，千粒重 18.92g，穗形帚形，颖壳紫色，有芒，籽粒卵形，褐色，胚乳类型糯性。当地农户认为该品种适应性广，优质，抗旱，耐寒，但易倒伏。

【利用价值】现直接在生产上应用，在当地已种植 50 年以上，一般 4 月播种，8 月收获。农户自行留种，自产自销。籽粒做糍粑等食用或酿酒、饲用等，穗秆脱粒后做扫把，嫩茎叶可作为牛、羊等牲畜饲料。可作为高粱育种亲本。

65. 车田甜高粱

【**学名**】*Sorghum bicolor*

【**采集地**】广西桂林市资源县车田苗族乡车田村。

【**类型及分布**】属于感温型地方品种，粳性，现种植分布少。

【**主要特征特性**】在南宁种植，春播出苗至抽穗 82 天，株高 250.5cm，茎粗 1.36cm，主穗长度 29.1cm，主穗柄长 41.5cm，主穗柄粗 0.79cm，单穗重 16.46g，单穗粒重

12.07g，千粒重 9.84g，穗形伞形，颖壳红色，有芒，籽粒卵形，褐色，胚乳类型粳性，锤度 14。当地农户认为该品种适应性广，茎秆粗壮、甜脆，抗旱，耐寒，耐贫瘠。

【**利用价值**】现直接在生产上种植利用，在当地已种植 50 年以上，一般 4 月播种，9 月收获。农户自行留种，自产自销。籽粒做糍粑等食用或酿酒、饲用等，茎秆可鲜食或作制糖原料，穗秆脱粒后做扫把，嫩茎叶可作为牛、羊等牲畜饲料。可作为甜高粱育种亲本。

66.梅溪甜高粱

【学名】*Sorghum bicolor*

【采集地】广西桂林市资源县梅溪镇咸水洞村。

【类型及分布】属于感温型地方品种，粳性，现种植分布少。

【主要特征特性】在南宁种植，春播出苗至抽穗80天，株高248.3cm，茎粗1.33cm，主穗长度29.8cm，主穗柄长41.0cm，主穗柄粗0.82cm，单穗重15.03g，单穗粒重11.19g，千粒重10.88g，穗形伞形，颖壳红色，有芒，籽粒卵形，褐色，胚乳类型粳性，锤度12。当地农户认为该品种适应性广，茎秆粗壮、脆甜，抗旱，抗蚜虫，耐寒，耐贫瘠。

【利用价值】现直接在生产上种植利用，在当地已种植50年以上，一般4月播种，9月收获。农户自行留种，自产自销。籽粒做糍粑等食用或酿酒、饲用等，茎秆可鲜食或作制糖原料，穗秆脱粒后做扫把，嫩茎叶可作为牛、羊等牲畜饲料。可作为甜高粱育种亲本。

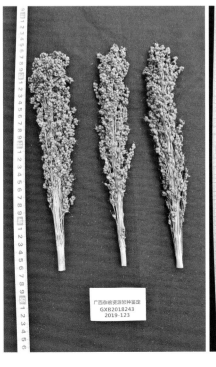

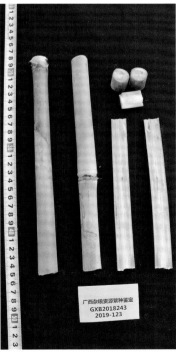

67. 高岩甜高粱

【学名】*Sorghum bicolor*

【采集地】广西柳州市三江侗族自治县富禄苗族乡高岩村。

【类型及分布】属于感温型地方品种，粳性，现种植分布少。

【主要特征特性】在南宁种植，春播出苗至抽穗85天，株高248.3cm，茎粗1.33cm，主穗长度29.8cm，主穗柄长41.0cm，主穗柄粗0.82cm，单穗重15.03g，单穗粒重8.91g，千粒重9.36g，穗形伞形，颖壳红色，有芒，籽粒卵形，褐色，胚乳类型粳性，锤度16。当地农户认为该品种优质，茎秆粗壮，茎髓汁多、特脆甜，抗旱，抗蚜虫，耐寒，耐贫瘠。

【利用价值】现直接在生产上种植利用，在当地已种植70年以上，一般4月播种，9月收获。农户自行留种，自产自销。籽粒做糍粑等食用或酿酒、饲用等，茎秆可像甘蔗一样鲜食或作制糖原料，穗秆脱粒后做扫把，嫩茎叶可作为牛、羊等牲畜饲料。可在乡村旅游区种植观赏，或作甜高粱育种亲本。

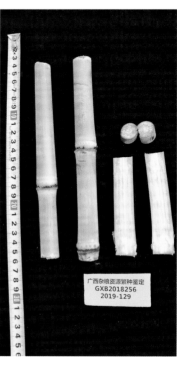

68. 东岭甜高粱

【学名】*Sorghum bicolor*

【采集地】广西柳州市融安县板榄镇东岭村。

【类型及分布】属于感温型地方品种，粳性，现种植分布少。

【主要特征特性】在南宁种植，春播出苗至抽穗 85 天，株高 294.5cm，茎粗 1.36cm，主穗长度 32.5cm，主穗柄长 46.5cm，主穗柄粗 0.75cm，单穗重 20.80g，单穗粒重 10.20g，千粒重 9.15g，穗形伞形，颖壳红色，有芒，籽粒卵形，褐色，胚乳类型粳性，锤度 8。当地农户认为该品种优质，茎秆粗壮、汁多脆甜，抗旱，抗蚜虫，耐寒，耐贫瘠。

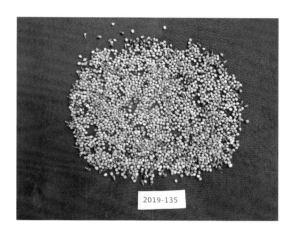

【利用价值】现直接在生产上种植利用，在当地已种植 50 年以上，一般 5 月播种，10 月收获。农户自行留种，自产自销。籽粒做糍粑等食用或酿酒、饲用等，茎秆可像甘蔗一样鲜食或作制糖原料，穗秆脱粒后做扫把，嫩茎叶可作为牛、羊等牲畜饲料。可作为甜高粱育种亲本。

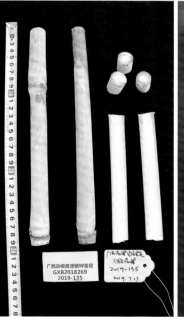

69. 长美拟高粱

【学名】*Sorghum propinquum*（刘欢等，2014）

【采集地】广西河池市环江毛南族自治县长美乡内同村。

【类型及分布】属于野生资源，拟高粱，现分布少。

【主要特征特性】在南宁种植，春播出苗至抽穗90天，株高295.3cm，茎粗0.75cm，主穗长度43.4cm，主穗柄长59.9cm，主穗柄粗0.60cm，单穗重10.30g，单穗粒重3.53g，千粒重2.87g，穗形帚形，颖壳红色，有芒。当地农户认为该野生种植株高大，再生能力强，抗病虫害，耐贫瘠。

【利用价值】在当地已生长50年以上，自然繁殖，越年生，嫩茎叶可作为牲畜饲料。可作为育种的亲本材料。

第三章
广西谷子种质资源

1. 红小米

【学名】*Setaria italica*（广西壮族自治区中国科学院广西植物研究所，2016）

【采集地】广西河池市都安瑶族自治县三只羊乡龙英村。

【类型及分布】属于感温型地方品种，糯性，现种植分布少。

【主要特征特性】在南宁种植，春播出苗至抽穗67天，株高164.6cm，穗下节间长29.1cm，主茎直径0.39cm，主茎节数13.0节，主穗长度29.35cm，主穗直径1.65cm，单株草重18.45g，单株穗重11.50g，单穗粒重8.12g，千粒重1.54g，穗松紧度属紧，穗码密度中密，穗形圆筒形，刺毛很短且颜色为黄色，护颖黄绿色，落粒性弱，籽粒红色，米色黄色。当地农户认为该品种适应性广，优质，抗旱，抗螟虫，抗倒伏，观赏性好。

【利用价值】现直接在生产上种植利用，在当地已种植70年以上，农户自行留种，籽粒主要用于煮粥、做糍粑食用，茎叶作牲畜饲料，或在乡村旅游区种植观赏。

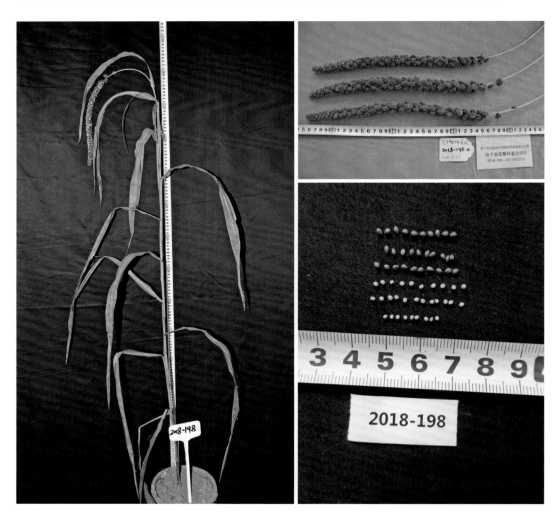

2. 糯小米

【学名】*Setaria italica*

【采集地】广西河池市南丹县八圩乡甲坪村。

【类型及分布】属于感温型地方品种，糯性，现种植分布少。

【主要特征特性】在南宁种植，春播出苗至抽穗 62 天，株高 164.6cm，穗下节间长 29.1cm，主茎直径 0.56cm，主茎节数 11.4 节，主穗长度 21.20cm，主穗直径 2.14cm，单株草重 16.90g，单株穗重 11.51g，单穗粒重 8.12g，千粒重 1.41g，穗松紧度属中，穗码密度中密，穗形棍棒形，刺毛短且颜色为黄色，护颖黄绿色，落粒性弱，籽粒黄色，米色浅黄色。当地农户认为该品种穗大，适应性广，优质。

【利用价值】现直接在生产上种植利用，在当地已种植 50 年以上，一般 4 月中旬播种，8 月上旬收获。农户自行留种。籽粒主要用于煮粥、做糍粑食用，茎叶作牲畜饲料。可作为培育小米品种的亲本。

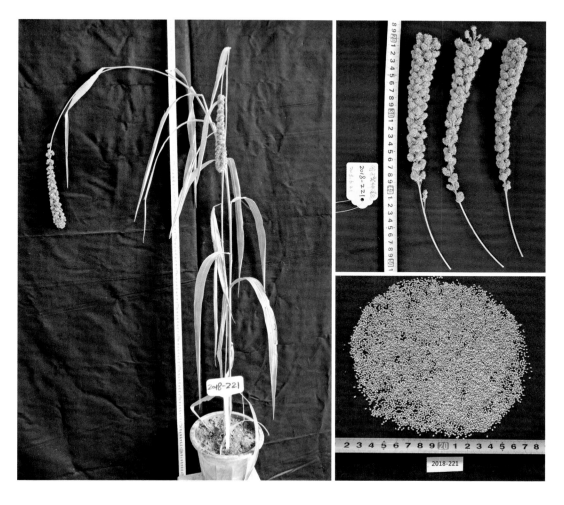

3. 西山小米

【学名】*Setaria italica*

【采集地】广西河池市巴马瑶族自治县西山乡卡才村。

【类型及分布】属于感温型地方品种，糯性，现种植分布少。

【主要特征特性】在南宁种植，春播出苗至抽穗 65 天，株高 130.7cm，穗下节间长 37.5cm，主茎直径 0.46cm，主茎节数 11.2 节，主穗长度 23.63cm，主穗直径 1.37cm，单株草重 9.00g，单株穗重 10.40g，单穗粒重 6.95g，千粒重 1.55g，穗松紧度属紧，穗码密度中密，穗形猫爪形，刺毛很短且颜色为紫色，护颖黄绿色，落粒性弱，籽粒黄色，米色黄色。当地农户认为该品种结实率高，优质，抗螟虫，抗锈病，抗旱，耐贫瘠，穗形特别有观赏性。

【利用价值】现直接在生产上种植利用，在当地已种植 50 年以上，一般 4 月上旬播种，9 月下旬收获。农户自行留种，自产自销。籽粒煮粥食用能强身健体。可在美丽乡村建设旅游区种植观赏。

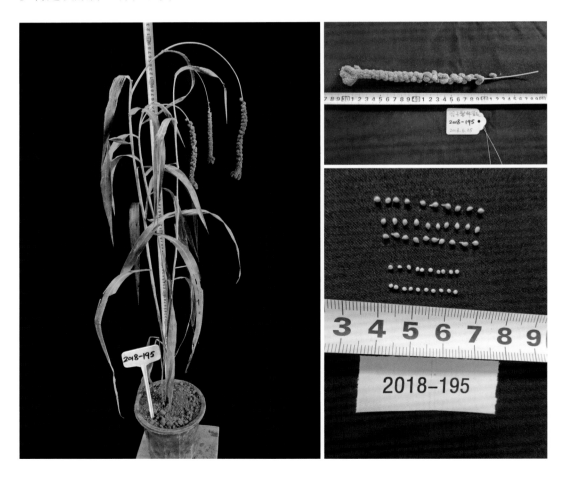

4. 保林粟子

【学名】*Setaria italica*

【采集地】广西桂林市兴安县漠川乡保林村。

【类型及分布】属于感温型地方品种，糯性，现种植分布少。

【主要特征特性】在南宁种植，春播出苗至抽穗 75 天，株高 169.3cm，穗下节间长 38.2cm，主茎直径 0.51cm，主茎节数 10.5 节，主穗长度 39.25cm，主穗直径 2.46cm，单株草重 16.50g，单株穗重 9.95g，单穗粒重 6.20g，千粒重 1.38g，穗松紧度属松，穗码密度中疏，穗形纺锤形，刺毛长且颜色为紫色，护颖黄绿色，落粒性弱，籽粒黄色，米色黄色。当地农户认为该品种穗长、大，优质，抗螟虫，抗旱，耐寒，耐贫瘠，长刺毛可防鼠鸟为害。

【利用价值】现直接在生产上种植利用，在当地已种植 70 年以上，一般 4 月上旬播种，9 月下旬收获。农户自行留种，自产自销。籽粒主要用于做糍粑、糕点食用或酿酒等。可作为培育小米长穗新品种的亲本。

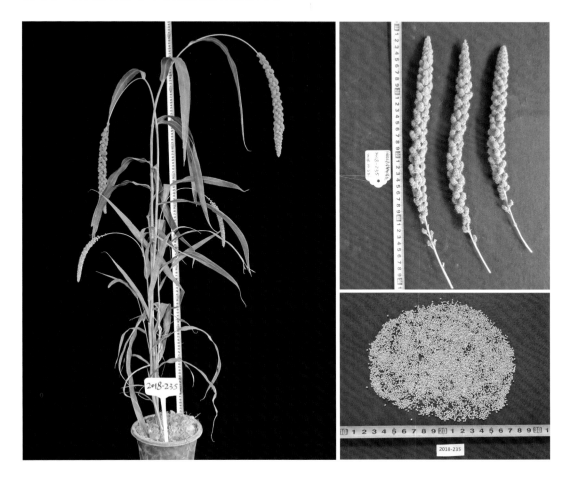

5. 同练小米

【学名】*Setaria italica*

【采集地】广西柳州市融水苗族自治县同练瑶族乡和平村。

【类型及分布】属于感温型地方品种，糯性，同练瑶族乡各村有零星种植分布。

【主要特征特性】在南宁种植，春播出苗至抽穗 80 天，株高 165.4cm，穗下节间长 40.0cm，主茎直径 0.79cm，主茎节数 12.2 节，主穗长度 31.83cm，主穗直径 2.45cm，单株草重 34.58g，单株穗重 17.50g，单穗粒重 10.67g，千粒重 1.60g，穗松紧度属松，穗码密度中疏，穗形棍棒形，刺毛短且颜色为紫色，护颖黄绿色，落粒性弱，籽粒黄色，米色黄色。当地农户认为该品种晚熟，穗大，熟色好，优质，抗旱，耐寒，耐贫瘠。

【利用价值】现直接在生产上种植利用，在当地已种植 50 年以上，一般 4 月中旬播种，9 月下旬收获。农户自行留种，自产自销。籽粒主要用于做糍粑、糕点食用或酿酒等，茎叶可作为牲畜饲料。可作为培育小米大穗新品种的亲本。

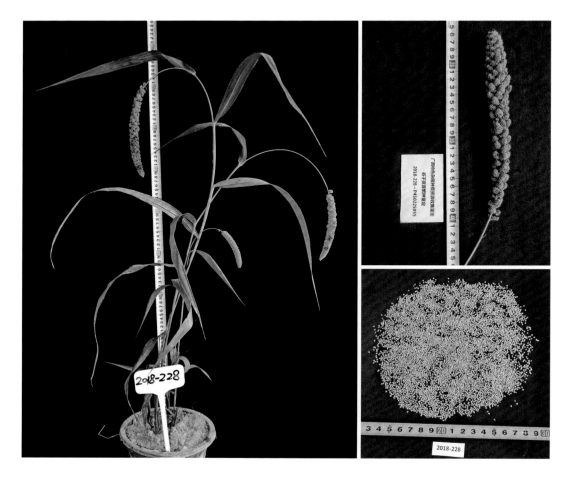

6. 隆通糯小米

【学名】*Setaria italica*

【采集地】广西河池市东兰县金谷乡隆通村。

【类型及分布】属于感温型地方品种，糯性，金谷乡各村有零星种植分布。

【主要特征特性】在南宁种植，春播出苗至抽穗 60 天，株高 169.6cm，穗下节间长 38.8cm，主茎直径 0.59cm，主茎节数 11.5 节，主穗长度 26.09cm，主穗直径 2.38cm，单株草重 16.25g，单株穗重 15.47g，单穗粒重 10.35g，千粒重 1.61g，穗松紧度属松，穗码密度中疏，穗形棍棒形，刺毛短且颜色为黄色，护颖黄绿色，落粒性弱，籽粒黄色，米色黄色。当地农户认为该品种高产、优质、抗旱、耐贫瘠。

【利用价值】现直接在生产上种植利用，在当地已种植 50 年以上，一般 3 月中旬播种，8 月上旬收获。农户自行留种，自产自销。籽粒主要用于煮粥、做糍粑、做糕点食用或酿酒等，常食用有降血压、防治消化不良和安眠等保健功效。

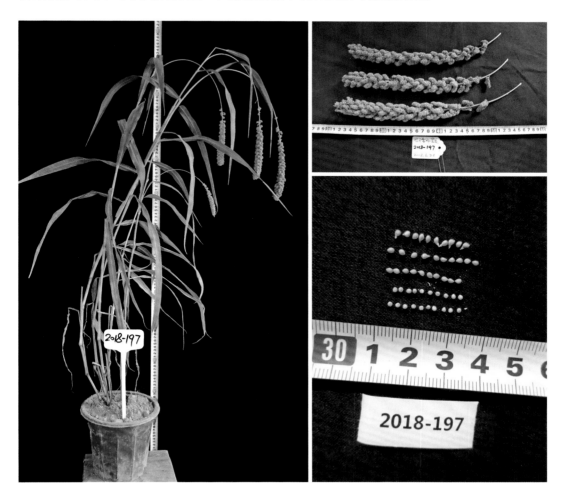

7. 毛塘粟米

【学名】*Setaria italica*

【采集地】广西桂林市恭城瑶族自治县三江乡三联村。

【类型及分布】属于感温型地方品种，粳性，现种植分布少。

【主要特征特性】在南宁种植，春播出苗至抽穗 67 天，株高 159.4cm，穗下节间长 49.8cm，主茎直径 0.57cm，主茎节数 9.9 节，主穗长度 31.22cm，主穗直径 2.21cm，单株草重 14.80g，单株穗重 10.06g，单穗粒重 7.05g，千粒重 1.25g，穗松紧度属紧，穗码密度中疏，穗形纺锤形，刺毛短且颜色为紫色，护颖黄绿色，落粒性弱，籽粒黄色，米色黄色。当地农户认为该品种适应性广，优质，抗螟虫，抗锈病，抗旱，耐贫瘠。

【利用价值】现直接在生产上种植利用，在当地已种植 70 年以上，一般 4 月下旬播种，10 月下旬收获。农户自行留种，自家食用。籽粒主要用于煮粥和做糍粑食用或酿酒等。可作为小米育种亲本。

8. 思灵粟米

【学名】*Setaria italica*

【采集地】广西来宾市武宣县思灵镇山汶村。

【类型及分布】属于感温型地方品种，糯性，现种植分布少。

【主要特征特性】在南宁种植，春播出苗至抽穗 65 天，株高 176.5cm，穗下节间长 42.9cm，主茎直径 0.52cm，主茎节数 13.3 节，主穗长度 27.90cm，主穗直径 2.02cm，单株草重 16.20g，单株穗重 14.20g，单穗粒重 10.67g，千粒重 1.43g，穗松紧度属紧，穗码密度中疏，穗形纺锤形，刺毛长且颜色为紫色，护颖紫色，落粒性弱，籽粒黄色，米色黄色。当地农户认为该品种高秆、米质优、抗旱、耐贫瘠，长刺毛可防鼠鸟为害。

【利用价值】现直接在生产上种植利用，在当地已种植 50 年以上，一般 3 月中旬播种，8 月上旬收获。农户自行留种，自产自销。籽粒主要用于做糍粑、糕点食用或酿酒等。可作为培育长刺毛小米品种的亲本。

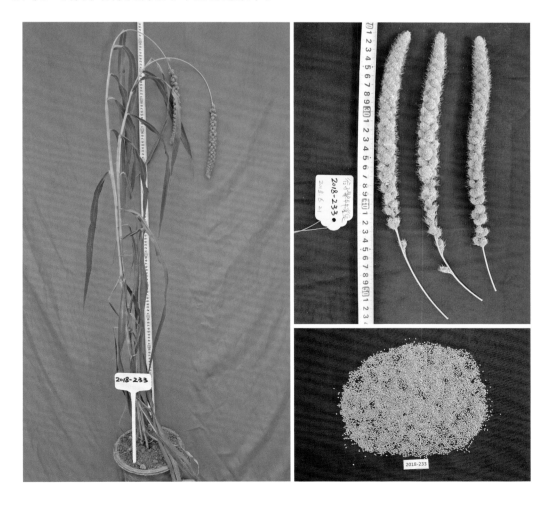

9. 龙岩小米

【学名】*Setaria italica*

【采集地】广西河池市环江毛南族自治县龙岩乡朝阁村。

【类型及分布】属于感温型地方品种，粳性，现种植分布少。

【主要特征特性】在南宁种植，春播出苗至抽穗65天，株高150.8cm，穗下节间长36.3cm，主茎直径0.46cm，主茎节数10.3节，主穗长度23.80cm，主穗直径1.90cm，单株草重13.65g，单株穗重9.72g，单穗粒重5.32g，千粒重1.59g，穗松紧度属紧，穗码密度中密，穗形纺锤形，刺毛短且颜色为紫色，护颖黄绿色，落粒性弱，籽粒黄色，米色浅黄色。当地农户认为该品种米质优，适应性广，耐寒，耐贫瘠，但灌浆期易倒伏。

【利用价值】现直接在生产上种植利用，在当地已种植50年以上，一般5月中旬播种，10月上旬收获。农户自行留种，自产自销。籽粒主要用于煮粥、做糍粑、做糕点食用或酿酒等。少数民族村民常用小米与穄子、高粱、玉米、糯米一起酿制香醇的九月九酒。

10. 长垌粟米

【学名】*Setaria italica*

【采集地】广西来宾市金秀瑶族自治县长垌乡滴水村。

【类型及分布】属于感温型地方品种，糯性，长垌乡各村寨有零星种植分布。

【主要特征特性】在南宁种植，春播出苗至抽穗 70 天，株高 168.5cm，穗下节间长 44.5cm，主茎直径 0.52cm，主茎节数 10.8 节，主穗长度 31.90cm，主穗直径 1.75cm，单株草重 16.10g，单株穗重 12.30g，单穗粒重 5.50g，千粒重 1.50g，穗松紧度属中度，穗码密度中疏，穗形纺锤形，刺毛短且颜色为黄色，护颖黄绿色，落粒性弱，籽粒黄色，米色黄色。当地农户认为该品种晚熟，米质优，适应性广，抗锈病，抗蚜虫，耐寒，耐贫瘠。

【利用价值】现直接在生产上种植利用，在当地已种植 50 年以上，一般 4 月中旬播种，9 月上旬收获。农户自行留种，自产自销。籽粒主要用于煮粥、做糍粑、做糕点食用或酿酒等。

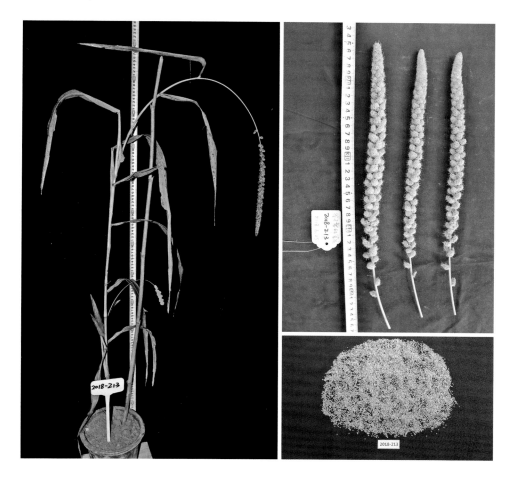

11. 卡白粟米

【**学名**】*Setaria italica*

【**采集地**】广西百色市隆林各族自治县岩茶乡卡白村。

【**类型及分布**】属于感温型地方品种，糯性，现种植分布窄。

【**主要特征特性**】在南宁种植，春播出苗至抽穗 67 天，株高 173.9cm，穗下节间长 35.8cm，主茎直径 0.54cm，主茎节数 11.5 节，主穗长度 32.65cm，主穗直径 1.90cm，单株草重 17.51g，单株穗重 11.20g，单穗粒重 6.65g，千粒重 1.48g，穗松紧度属中度，穗码密度中疏，穗形纺锤形，刺毛长且颜色为紫色，护颖黄绿色，落粒性弱，籽粒黄色，米色浅黄色。当地农户认为该品种晚熟，米质优，适应性广，抗旱，抗螟虫，耐贫瘠，长刺毛可防鼠鸟为害。

【**利用价值**】现直接在生产上种植利用，在当地已种植 70 年以上，一般 5 月中旬播种，10 月下旬收获。农户自行留种，自产自销。籽粒主要用于煮粥、做糍粑、做糕点食用或酿酒等。可作为培育长刺毛小米品种的亲本。

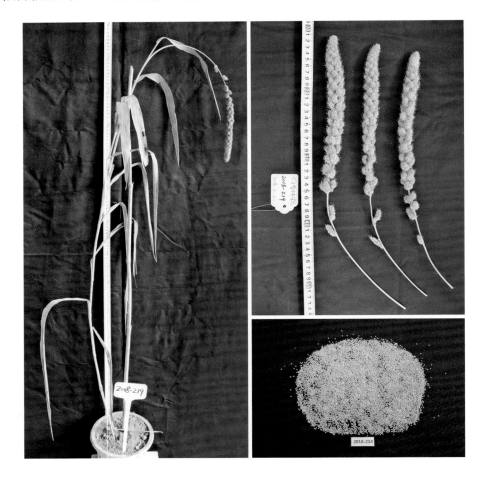

12. 那洪小米

【学名】*Setaria italica*

【采集地】广西百色市凌云县玉洪瑶族乡那洪村。

【类型及分布】属于感温型地方品种，糯性，现种植分布少。

【主要特征特性】在南宁种植，春播出苗至抽穗 60 天，株高 157.1cm，穗下节间长 37.9cm，主茎直径 0.54cm，主茎节数 11.6 节，主穗长度 17.7cm，主穗直径 1.97cm，单株草重 12.60g，单株穗重 12.16g，单穗粒重 10.22g，千粒重 1.61g，穗松紧度属中度，穗码密度中密，穗形纺锤形，刺毛很短且颜色为黄色，护颖黄绿色，落粒性弱，籽粒黄色，米色浅黄色。当地农户认为该品种熟色好，结实率高，米质优，适应性广，抗旱、耐贫瘠，但穗短。

【利用价值】现直接在生产上种植利用，在当地已种植 70 年以上，一般 4 月上旬播种，10 月中旬收获。农户自行留种，自产自销。籽粒主要用于煮粥、做糍粑食用或酿酒等。

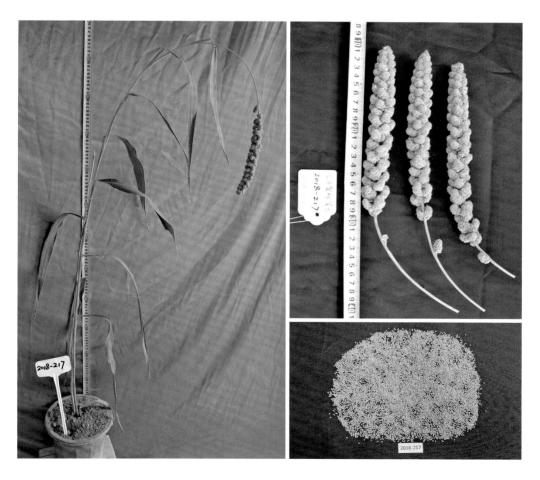

13. 本地黄粟

【学名】*Setaria italica*

【采集地】广西北海市合浦县常乐镇莲南村。

【类型及分布】属于感温型地方品种，糯性，现种植分布少。

【主要特征特性】在南宁种植，春播出苗至抽穗 50 天，株高 143.6cm，穗下节间长 22.1cm，主茎直径 0.77cm，主茎节数 12.5 节，主穗长度 28.70cm，主穗直径 2.44cm，单株草重 23.45g，单株穗重 15.20g，单穗粒重 9.75g，千粒重 1.82g，穗松紧度属松，穗码密度中疏，穗形纺锤形，刺毛长且颜色为紫色，护颖黄绿色，落粒性弱，籽粒橘红色，米色黄色。当地农户认为该品种早熟，熟色好，结实率高，米质优，适应性广，抗旱，耐贫瘠，耐淡盐碱，长刺毛可防鸟害。

【利用价值】现直接在生产上种植利用，在当地已种植 50 年以上，一般 1 月下旬播种，4 月下旬收获。农户自行留种，自产自销。籽粒主要煮粥食用，或作小米育种亲本，可在美丽乡村旅游区种植观赏。

14. 龙洋小米

【**学名**】*Setaria italica*

【**采集地**】广西百色市乐业县同乐镇龙洋村。

【**类型及分布**】属于感温型地方品种、糯性、现种植分布少。

【**主要特征特性**】在南宁种植，夏播出苗至抽穗42天，株高126.8cm，穗下节间长29.4cm，主茎直径0.42cm，主茎节数9.8节，主穗长度30.80cm，主穗直径1.85cm，单株草重5.58g，单株穗重7.73g，单穗粒重5.36g，千粒重1.74g，穗松紧度属中度，穗码密度中疏，穗形纺锤形，刺毛长且颜色为紫色，护颖黄绿色，落粒性弱，籽粒黄色，米色浅黄色。当地农户认为该品种质优、抗旱、耐贫瘠、长刺毛可防鸟害。

【**利用价值**】现直接在生产上种植利用，在当地已种植20年以上，一般4月上旬播种，8月下旬收获。农户自行留种、自产自销。籽粒主要用于煮粥、做糍粑食用或酿酒等。可作为小米育种的亲本。

15. 弄谷小米

【学名】*Setaria italica*

【采集地】广西百色市凌云县沙里瑶族乡弄谷村。

【类型及分布】属于感温型地方品种，粳性，现种植分布少。

【主要特征特性】在南宁种植，夏播出苗至抽穗48天，株高127.6cm，穗下节间长30.3cm，主茎直径0.41cm，主茎节数11.1节，主穗长度27.30cm，主穗直径1.39cm，单株草重7.19g，单株穗重7.06g，单穗粒重5.38g，千粒重1.56g，穗松紧度属中度，穗码密度中密，穗形纺锤形，刺毛很短且颜色为紫色，护颖黄绿色，落粒性弱，籽粒棕色，米色黄色。当地农户认为该品种质优，抗旱，在干旱的大石山区种植生长良好。

【利用价值】现直接在生产上种植利用，在当地已种植30年以上，一般6月中旬播种，10月下旬收获。农户自行留种，自家食用。籽粒主要用于煮粥、做糍粑食用，也可酿酒。

16. 弄谷黑小米

【学名】*Setaria italica*

【采集地】广西百色市凌云县沙里瑶族乡弄谷村。

【类型及分布】属于感温型地方品种、糯性、种植分布少。

【主要特征特性】在南宁种植，夏播出苗至抽穗48天，株高107.4cm，穗下节间长31.7cm，主茎直径0.33cm，主茎节数10.4节，主穗长度19.50cm，主穗直径1.35cm，单株草重4.85g，单株穗重5.63g，单穗粒重4.18g，千粒重1.51g，穗松紧度属紧，穗码密度中密，穗形鸡嘴形，刺毛很短且颜色为黄色，护颖黄绿色，落粒性弱，籽粒黑色，米色黄色。当地农户认为该品种质优、抗旱、耐贫瘠，但产量低。

【利用价值】现直接在生产上种植利用，在当地已种植30年以上，一般6月中旬播种，10月下旬收获。农户自行留种，自家食用。籽粒主要用于煮粥、做糍粑食用，也可作为养生保健小米产品。

17. 陇浩红小米

【**学名**】*Setaria italica*

【**采集地**】广西百色市凌云县泗城镇陇浩村。

【**类型及分布**】属于感温型地方品种，糯性，种植分布少。

【**主要特征特性**】在南宁种植，夏播出苗至抽穗44天，株高109.8cm，穗下节间长31.7cm，主茎直径0.37cm，主茎节数9.8节，主穗长度21.20cm，主穗直径1.45cm，单株草重7.19g，单株穗重7.06g，单穗粒重5.38g，千粒重1.56g，穗松紧度属紧，穗码密度中密，穗形纺锤形，刺毛很短且颜色为黄色，护颖黄绿色，落粒性弱，籽粒橘红色，米色黄色。当地农户认为该品种质优、抗旱、抗虫、抗病、有观赏价值。

【**利用价值**】现直接在生产上种植利用，在当地已种植50年以上，一般4月上旬播种，8月下旬收获。农户自行留种，自产自销。籽粒主要用于煮粥、做糍粑食用或酿酒，可种植观赏。

18. 旺子小米

【学名】*Setaria italica*

【采集地】广西百色市西林县八达镇旺子村。

【类型及分布】属于感温型地方品种，糯性，种植分布少。

【主要特征特性】在南宁种植，春播出苗至抽穗 60 天，株高 146.6cm，穗下节间长 36.1cm，主茎直径 0.59cm，主茎节数 12.6 节，主穗长度 21.55cm，主穗直径 2.08cm，单株草重 16.10g，单株穗重 5.10g，单穗粒重 3.63g，千粒重 1.31g，穗松紧度属中等，穗码密度中密，穗形圆筒形，刺毛短且颜色为黄色，护颖黄绿色，落粒性弱，籽粒黄色，米色黄色。当地农户认为该品种米质优，抗旱，抗倒伏，抗螟虫，但易受鸟害。

【利用价值】现直接在生产上种植利用，在当地已种植 50 年以上，一般 3 月上旬播种，7 月下旬收获。农户自行留种，自产自销。籽粒主要用于煮粥、做糍粑、做糕点食用或酿甜酒等。

19. 旺子黑小米

【学名】*Setaria italica*

【采集地】广西百色市西林县八达镇旺子村。

【类型及分布】属于感温型地方品种，糯性，种植分布少。

【主要特征特性】在南宁种植，春播出苗至抽穗52天，株高162.2cm，穗下节间长41.9cm，主茎直径0.68cm，主茎节数11.3节，主穗长度30.70cm，主穗直径1.71cm，单株草重25.00g，单株穗重13.75g，单穗粒重9.71g，千粒重1.45g，穗松紧度属紧，穗码密度中密，穗形圆筒形，刺毛很短且颜色为黄色，护颖黄绿色，落粒性弱，籽粒黑色，米色黄色。当地农户认为该品种米质优，抗旱，抗螟虫，耐贫瘠，适应性广。

【利用价值】现直接在生产上种植利用，在当地已种植50年以上，一般3月上旬播种，7月下旬收获。农户自行留种，自产自销。籽粒主要用于煮粥、做糍粑食用，或酿酒等。可作为小米育种亲本。

20. 弯子小米

【学名】*Setaria italica*

【采集地】广西百色市西林县那佐苗族乡新隆村。

【类型及分布】属于感温型地方品种，糯性，种植分布少。

【主要特征特性】在南宁种植，春播出苗至抽穗 60 天，株高 165.7cm，穗下节间长 37.0cm，主茎直径 0.62cm，主茎节数 13.0 节，主穗长度 35.75cm，主穗直径 1.80cm，单株草重 22.60g，单株穗重 13.64g，单穗粒重 8.60g，千粒重 1.13g，穗松紧度属中，穗码密度中疏，穗形纺锤形，刺毛短且颜色为黄色，护颖黄绿色，落粒性弱，籽粒黄色，米色浅黄色。当地农户认为该品种米质优，抗旱，抗蚜虫，抗叶枯病。

【利用价值】现直接在生产上种植利用，在当地已种植 50 年以上，一般 5 月上旬播种，8 月下旬收获。农户自行留种，自产自销。籽粒主要用于煮粥、做糍粑、酿酒等，嫩茎叶可作为牲畜饲料。

21. 睦村小米

【学名】*Setaria italica*

【采集地】广西玉林市兴业县卖酒镇睦村。

【类型及分布】属于感温型地方品种，粳性，种植分布少。

【主要特征特性】在南宁种植，春播出苗至抽穗65天，株高146.8cm，穗下节间长20.3cm，主茎直径0.72cm，主茎节数14.8节，主穗长度33.60cm，主穗直径2.34cm，单株草重24.80g，单株穗重15.73g，单穗粒重10.73g，千粒重1.36g，穗松紧度属紧，穗码密度中疏，穗形纺锤形，刺毛长且颜色为黄色，护颖黄绿色，落粒性弱，籽粒黄色，米色黄色。当地农户认为该品种米质优，抗旱，抗螟虫，茎粗节密抗倒伏。

【利用价值】现直接在生产上种植利用，在当地已种植20年以上，一般3月上旬播种，7月下旬收获。农户自行留种，自产自销。籽粒主要用于煮粥、做糍粑、酿酒等。可作为培育小米抗倒伏品种的亲本。

22. 巴雷小米

【**学名**】*Setaria italica*

【**采集地**】广西河池市凤山县金牙瑶族乡坡茶村。

【**类型及分布**】属于感温型地方品种，糯性，金牙瑶族乡少数民族村寨有零星种植分布。

【**主要特征特性**】在南宁种植，夏播出苗至抽穗 44 天，株高 135.5cm，穗下节间长 30.7cm，主茎直径 0.48cm，主茎节数 12.2 节，主穗长度 20.10cm，主穗直径 1.87cm，单株草重 8.18g，单株穗重 8.82g，单穗粒重 6.95g，千粒重 1.55g，穗松紧度属紧，穗码密度中密，穗形纺锤形，刺毛很短且颜色为黄色，护颖黄绿色，落粒性弱，籽粒黄色，米色黄色。当地农户认为该品种米质优，抗旱，抗螟虫，抗叶锈病。

【**利用价值**】现直接在生产上种植利用，在当地已种植 70 年以上，一般 5 月下旬播种，9 月下旬收获。农户自行留种，自家食用。籽粒主要用于煮粥、做糍粑、酿酒等，常煮粥食用可助眠益智、增强体质。

23. 凤朝小米

【学名】*Setaria italica*

【采集地】广西河池市宜州区福龙瑶族乡凤朝村。

【类型及分布】属于感温型地方品种，糯性，现种植分布少。

【主要特征特性】在南宁种植，春播出苗至抽穗60天，株高146.2cm，穗下节间长32.8cm，主茎直径0.56cm，主茎节数11.2节，主穗长度30.30cm，主穗直径1.51cm，单株草重14.15g，单株穗重7.45g，单穗粒重3.90g，千粒重0.98g，穗松紧度属松，穗码密度中疏，穗形鸡嘴形，刺毛很短且颜色为紫色，护颖紫色，落粒性弱，籽粒黄色，米色黄色。当地农户认为该品种米质优，抗旱，耐贫瘠。

【利用价值】现直接在生产上种植利用，在当地已种植30年以上，一般4月中旬播种，9月下旬收获。农户自行留种，自产自销。籽粒主要用于煮粥、做糍粑、酿酒等。

24. 隆明小米

【学名】*Setaria italica*

【采集地】广西河池市东兰县金谷乡隆明村。

【类型及分布】属于感温型地方品种，糯性，金谷乡各壮族村寨有零星种植分布。

【主要特征特性】在南宁种植，春播出苗至抽穗 62 天，株高 162.3cm，穗下节间长 30.1cm，主茎直径 0.63cm，主茎节数 11.8 节，主穗长度 32.55cm，主穗直径 2.40cm，单株草重 14.15g，单株穗重 7.45g，单穗粒重 3.90g，千粒重 0.98g，穗松紧度属松，穗码密度中疏，穗形纺锤形，刺毛短且颜色为黄色，护颖黄绿色，落粒性弱，籽粒黄色，米色黄色。当地农户认为该品种熟色好，米质优，抗旱，耐贫瘠。

【利用价值】现直接在生产上种植利用，在当地已种植 50 年以上，一般 5 月上旬播种，9 月下旬收获。农户自行留种，自产自销。籽粒主要用于煮粥、做糍粑、做糕点，与南瓜同煮食用可增强体质。

25. 高王小米

【**学名**】*Setaria italica*

【**采集地**】广西河池市环江毛南族自治县驯乐苗族乡山岗村。

【**类型及分布**】属于感温型地方品种，粳性，驯乐苗族乡各村寨有零星种植分布。

【**主要特征特性**】在南宁种植，春播出苗至抽穗 52 天，株高 134.6cm，穗下节间长 31.7cm，主茎直径 0.42cm，主茎节数 9.6 节，主穗长度 22.8cm，主穗直径 1.51cm，单株草重 6.90g，单株穗重 5.25g，单穗粒重 3.58g，千粒重 0.73g，穗松紧度属中度，穗码密度中密，穗形纺锤形，刺毛很短且颜色为黄色，护颖黄绿色，落粒性弱，籽粒黄色，米色浅黄色。当地农户认为该品种米质优，抗旱，耐贫瘠，做甜酒特香醇，但茎秆小，易遭鼠鸟为害。

【**利用价值**】现直接在生产上种植利用，在当地已种植 70 年以上，一般 5 月上旬播种，9 月下旬收获。农户自行留种，自产自销。籽粒主要用于煮粥、做糍粑、做糕点或酿甜酒等，常食有降血压、防治消化不良、补血健脑、安眠等功效。

26. 保山小米

【学名】*Setaria italica*

【采集地】广西河池市环江毛南族自治县驯乐苗族乡长北村。

【类型及分布】属于感温型地方品种，糯性，现种植分布少。

【主要特征特性】在南宁种植，春播出苗至抽穗 65 天，株高 167.4cm，穗下节间长 44.0cm，主茎直径 0.68cm，主茎节数 11.3 节，主穗长度 34.65cm，主穗直径 1.80cm，单株草重 23.15g，单株穗重 9.46g，单穗粒重 6.46g，千粒重 1.32g，穗松紧度属松，穗码密度中疏，穗形鸡嘴形，刺毛很长且颜色为紫色，护颖黄绿色，落粒性弱，籽粒黄色，米色浅黄色。当地农户认为该品种高秆，熟色好，米质优，抗旱，耐贫瘠，长刺毛可防鼠鸟为害。

【利用价值】现直接在生产上种植利用，在当地已种植 50 年以上，一般 6 月上旬播种，10 月上旬收获。农户自行留种，自产自销。籽粒主要用于煮粥、做糍粑、做糕点或酿酒等，茎叶可作为牲畜的优质饲料。可作为培育小米长刺毛品种的亲本。

27. 三才小米

【学名】*Setaria italica*

【采集地】广西河池市环江毛南族自治县水源镇三才村。

【类型及分布】属于感温型地方品种,糯性,现种植分布少。

【主要特征特性】在南宁种植,春播出苗至抽穗58天,株高177.3cm,穗下节间长39.3cm,主茎直径0.70cm,主茎节数12.1节,主穗长度33.65cm,主穗直径2.02cm,单株草重27.60g,单株穗重10.94g,单穗粒重8.28g,千粒重1.22g,穗松紧度属中度,穗码密度中疏,穗形圆筒形,刺毛长且颜色为黄色,护颖黄绿色,落粒性弱,籽粒黄色,米色黄色。当地农户认为该品种高秆,熟色好,米质优,抗旱,抗螟虫,抗锈病,耐贫瘠。

【利用价值】现直接在生产上种植利用,在当地已种植50年以上,一般6月上旬播种,10月上旬收获。农户自行留种,自产自销。籽粒主要用于煮粥或酿酒等。可作为小米育种亲本。

28. 东山小米

【学名】*Setaria italica*

【采集地】广西河池市环江毛南族自治县川山镇东山村。

【类型及分布】属于感温型地方品种，糯性，现种植分布少。

【主要特征特性】在南宁种植，春播出苗至抽穗 65 天，株高 174.6cm，穗下节间长 44.6cm，主茎直径 0.65cm，主茎节数 12.6 节，主穗长度 30.70cm，主穗直径 1.84cm，单株草重 25.10g，单株穗重 11.29g，单穗粒重 8.45g，千粒重 1.39g，穗松紧度属中度，穗码密度中密，穗形纺锤形，刺毛长且颜色为紫色，护颖黄绿色，落粒性弱，籽粒黄色，米色浅黄色。当地农户认为该品种高秆晚熟，米质优，抗旱，抗玉米螟，耐贫瘠。

【利用价值】现直接在生产上种植利用，在当地已种植 50 年以上，农户自行留种，自产自销。籽粒主要用于煮粥、做糍粑、做糕点或酿酒。可作为小米育种亲本。

29. 小山黑小米

【**学名**】*Setaria italica*

【**采集地**】广西河池市罗城仫佬族自治县天河镇维新村。

【**类型及分布**】属于感温型地方品种，糯性，现种植分布少。

【**主要特征特性**】在南宁种植，春播出苗至抽穗 63 天，株高 156.2cm，穗下节间长 40.2cm，主茎直径 0.79cm，主茎节数 13.0 节，主穗长度 33.60cm，主穗直径 2.17cm，单株草重 29.00g，单株穗重 24.60g，单穗粒重 18.40g，千粒重 1.72g，穗松紧度属紧，穗码密度中疏，穗形鸡嘴形，刺毛短且颜色为黄色，护颖黄绿色，落粒性弱，籽粒黑色，米色黄色。当地农户认为该品种晚熟，米质优，抗旱，抗玉米螟，抗锈病，耐贫瘠。

【**利用价值**】现直接在生产上种植利用，在当地已种植 50 年以上，一般 7 月上旬播种，11 月收获。农户自行留种，自产自销。籽粒主要用于煮粥、做糍粑或酿甜酒等，常食有降血压、防治消化不良、补血健脑和安眠等保健功效。

30. 中堡土小米

【**学名**】*Setaria italica*

【**采集地**】广西河池市南丹县中堡苗族乡中堡社区。

【**类型及分布**】属于感温型地方品种，糯性，中堡苗族乡各少数民族村寨有零星种植分布。

【**主要特征特性**】在南宁种植，春播出苗至抽穗48天，株高121.9cm，穗下节间长37.3cm，主茎直径0.39cm，主茎节数9.2节，主穗长度23.28cm，主穗直径1.48cm，单株草重6.35g，单株穗重5.92g，单穗粒重4.25g，千粒重1.35g，穗松紧度属中度，穗码密度中密，穗形纺锤形，刺毛长且颜色为紫色，护颖黄绿色，落粒性弱，籽粒黄色，米色黄色。当地农户认为该品种早熟，米质优，抗旱，抗玉米螟，耐贫瘠，但主茎细，易倒伏。

【**利用价值**】现直接在生产上种植利用，在当地已种植50年以上，一般4月初播种，6月底收获。农户自行留种。籽粒主要用于煮粥、做糍粑、做糕点或酿酒等，茎叶可作为牲畜饲料。

31. 黄江小米

【学名】*Setaria italica*

【采集地】广西河池市南丹县罗富镇黄江村。

【类型及分布】属于感温型地方品种，糯性，现种植分布少。

【主要特征特性】在南宁种植，春播出苗至抽穗 60 天，株高 169.8cm，穗下节间长 37.5cm，主茎直径 0.63cm，主茎节数 12.7 节，主穗长度 28.65cm，主穗直径 2.31cm，单株草重 23.95g，单株穗重 11.54g，单穗粒重 6.92g，千粒重 1.28g，穗松紧度属中度，穗码密度中疏，穗形棍棒形，刺毛很短且颜色为黄色，护颖黄绿色，落粒性弱，籽粒黄色，米色黄色。当地农户认为该品种高秆大穗，熟色好，米质优，适应性广，抗旱，抗玉米螟，耐贫瘠。

【利用价值】现直接在生产上种植利用，在当地已种植 50 年以上，一般 4 月上旬播种，7 月初收获。农户自行留种，自家食用。籽粒主要用于煮粥、做糍粑、做糕点或做甜酒等。可作为小米育种亲本。

32. 白石小米

【学名】*Setaria italica*

【采集地】广西桂林市龙胜各族自治县龙脊镇白石村。

【类型及分布】属于感温型地方品种，糯性，现种植分布少。

【主要特征特性】在南宁种植，春播出苗至抽穗60天，株高151.7cm，穗下节间长36.5cm，主茎直径0.59cm，主茎节数9.4节，主穗长度24.4cm，主穗直径2.32cm，单株草重16.53g，单株穗重6.21g，单穗粒重3.28g，千粒重1.02g，穗松紧度属松，穗码密度中密，穗形鸡嘴形，刺毛很短且颜色为紫色，护颖紫色，落粒性弱，籽粒黄色，米色黄色。当地农户认为该品种米质优，抗旱，抗螟虫。

【利用价值】现直接在生产上种植利用，在当地已种植30年以上，一般3月上旬播种，7月中旬收获。农户自行留种，自家食用。籽粒主要用于煮粥、做糍粑、做糕点，常食用可增强体质。

33. 粉山粟米

【**学名**】*Setaria italica*

【**采集地**】广西桂林市兴安县崔家乡粉山村。

【**类型及分布**】属于感温型地方品种，糯性，现种植分布少。

【**主要特征特性**】在南宁种植，春播出苗至抽穗 65 天，株高 143.9cm，穗下节间长 27.7cm，主茎直径 0.52cm，主茎节数 10.2 节，主穗长度 29.00cm，主穗直径 2.12cm，单株草重 15.25g，单株穗重 8.00g，单穗粒重 5.36g，千粒重 1.08g，穗松紧度属松，穗码密度中疏，穗形纺锤形，刺毛很短且颜色为黄色，护颖黄绿色，落粒性弱，籽粒黄色，米色黄色。当地农户认为该品种熟色好，米质优，适应性广，抗旱，抗玉米螟，抗锈病，耐贫瘠。

【**利用价值**】目前直接在生产上种植利用，在当地已种植 20 年以上，农户自行留种。籽粒主要用于煮粥、做糍粑或酿酒等，茎叶可作为牲畜饲料。

34. 高岩小米

【学名】*Setaria italica*

【采集地】广西柳州市三江侗族自治县富禄苗族乡高岩村。

【类型及分布】属于感温型地方品种，粳性，现种植分布少。

【主要特征特性】在南宁种植，春播出苗至抽穗 60 天，株高 129.8cm，穗下节间长 31.2cm，主茎直径 0.55cm，主茎节数 11.3 节，主穗长度 26.95cm，主穗直径 1.86cm，单株草重 8.50g，单株穗重 7.87g，单穗粒重 5.29g，千粒重 1.18g，穗松紧度属紧，穗码密度中密，穗形纺锤形，刺毛很短且颜色为黄色，护颖黄绿色，落粒性弱，籽粒黑色，米色黄色。当地农户认为该品种米质优，适应性广，抗旱，抗螟虫，抗锈病，耐贫瘠。

【利用价值】目前直接在生产上种植利用，在当地已种植 70 年以上，一般 4 月上旬播种，8 月收获。农户自行留种，自家食用。籽粒主要用于煮粥、做糍粑或酿酒等，也用来饲养珍稀鸟类，茎叶可作为牲畜饲料。可作为小米育种亲本。

35. 平见小米

【**学名**】*Setaria italica*

【**采集地**】广西柳州市三江侗族自治县高基瑶族乡冲干村。

【**类型及分布**】属于感温型地方品种，糯性，现种植分布少。

【**主要特征特性**】在南宁种植，春播出苗至抽穗 63 天，株高 167.7cm，穗下节间长 36.9cm，主茎直径 0.57cm，主茎节数 10.7 节，主穗长度 30.40cm，主穗直径 2.16cm，单株草重 17.55g，单株穗重 7.52g，单穗粒重 5.67g，千粒重 1.49g，穗松紧度属松，穗码密度中疏，穗形纺锤形，刺毛很长且颜色为紫色，护颖黄绿色，落粒性弱，籽粒黄色，米色黄色。当地农户认为该品种晚熟，米质优，适应性广，抗旱，抗螟虫，抗锈病，耐贫瘠，但易倒伏。

【**利用价值**】目前直接在生产上种植利用，在当地已种植 70 年以上，一般 3 月播种，8 月收获。农户自行留种，自家食用。籽粒主要用于煮粥、做糍粑或酿酒等，常食可强身健体，籽粒也是饲养珍稀鸟类的优质饲料，茎叶可作为牲畜饲料。

36. 东信小米

【学名】*Setaria italica*

【采集地】广西南宁市隆安县城厢镇东信村。

【类型及分布】属于感温型地方品种，糯性，现种植分布少。

【主要特征特性】在南宁种植，春播出苗至抽穗 65 天，株高 162.5cm，穗下节间长 30.5cm，主茎直径 0.82cm，主茎节数 15.5 节，主穗长度 24.80cm，主穗直径 2.07cm，单株草重 28.30g，单株穗重 14.67g，单穗粒重 11.50g，千粒重 1.35g，穗松紧度属紧，穗码密度中密，穗形鸡嘴形，刺毛很短且颜色为黄色，护颖黄绿色，落粒性弱，籽粒黄色，米色黄色。当地农户认为该品种茎秆粗壮，熟色好，米质优，适应性广，抗旱，抗螟虫，抗锈病，耐贫瘠，茎粗节密，抗倒伏。

【利用价值】目前直接在生产上种植利用，在当地已种植 50 年以上，一般 3 月播种，7 月收获。农户自行留种，自产自销。籽粒主要用于煮粥、做糍粑或酿酒等，茎叶可作为牲畜饲料。可作为培育小米壮秆节密新品种的亲本。

37. 龙念小米

【学名】*Setaria italica*

【采集地】广西南宁市隆安县乔建镇龙念村。

【类型及分布】属于感温型地方品种，糯性，现种植分布少。

【主要特征特性】在南宁种植，春播出苗至抽穗 55 天，株高 129.3cm，穗下节间长 32.6cm，主茎直径 0.59cm，主茎节数 11.7 节，主穗长度 25.42cm，主穗直径 1.82cm，单株草重 16.25g，单株穗重 14.24g，单穗粒重 11.26g，千粒重 1.47g，穗松紧度属紧，穗码密度中密，穗形纺锤形，刺毛很短且颜色为黄色，护颖黄绿色，落粒性弱，籽粒黄色，米色黄色。当地农户认为该品种茎秆粗壮，熟色好，米质优，适应性广，抗旱，抗螟虫，抗锈病，耐贫瘠，茎粗节密，抗倒伏。

【利用价值】目前直接在生产上种植利用，在当地已种植 50 年以上，一般 3 月播种，7 月收获。农户自行留种，自家食用。籽粒主要用于煮粥、做糍粑或酿酒等，茎叶可作为牲畜饲料。可作为小米育种的亲本。

38. 荣朋小米

【学名】*Setaria italica*

【采集地】广西南宁市隆安县都结乡荣朋村。

【类型及分布】属于感温型地方品种，粳性，现种植分布少。

【主要特征特性】在南宁种植，春播出苗至抽穗62天，株高153.9cm，穗下节间长35.6cm，主茎直径0.72cm，主茎节数12.7节，主穗长度33.65cm，主穗直径2.79cm，单株草重32.15g，单株穗重20.30g，单穗粒重15.30g，千粒重1.76g，穗松紧度属松，穗码密度中疏，穗形纺锤形，刺毛短且颜色为紫色，护颖紫色，落粒性弱，籽粒黄色，米色黄色。当地农户认为该品种茎秆粗壮，穗大，熟色好，米质优，适应性广，抗旱，抗螟虫，抗锈病，耐贫瘠。

【利用价值】现直接在生产上种植利用，在当地已种植50年以上，一般3月播种，7月收获。农户自行留种，自家食用。籽粒主要用于煮粥、做糍粑或酿酒等，茎叶可作为牲畜饲料。可作为培育小米大穗新品种的亲本。

39. 达利小米

【学名】*Setaria italica*

【采集地】广西南宁市隆安县都结乡荣朋村。

【类型及分布】属于感温型地方品种，糯性，现种植分布少。

【主要特征特性】在南宁种植，春播出苗至抽穗 62 天，株高 157.8cm，穗下节间长 35.1cm，主茎直径 0.59cm，主茎节数 13.2 节，主穗长度 20.92cm，主穗直径 1.90cm，单株草重 15.41g，单株穗重 10.50g，单穗粒重 7.90g，千粒重 1.39g，穗松紧度属紧，穗码密度中密，穗形圆筒形，刺毛很短且颜色为黄色，护颖黄色，落粒性弱，籽粒黄色，米色浅黄色。当地农户认为该品种熟色好，米质优，适应性广，抗旱，抗螟虫，耐贫瘠。

【利用价值】现直接在生产上种植利用，在当地已种植 50 年以上，一般 3 月播种，7 月收获。农户自行留种，自家食用。籽粒主要用于煮粥、做糍粑或酿酒等，茎叶可作为牲畜饲料。

40. 春黄粟

【**学名**】*Setaria italica*

【**采集地**】广西南宁市隆安县南圩镇爱华村。

【**类型及分布**】属于感温型地方品种，粳性，现种植分布少。

【**主要特征特性**】在南宁种植，春播出苗至抽穗 53 天，株高 177.8cm，穗下节间长 39.1cm，主茎直径 0.70cm，主茎节数 12.8 节，主穗长度 38.91cm，主穗直径 1.96cm，单株草重 18.95g，单株穗重 14.30g，单穗粒重 11.30g，千粒重 1.53g，穗松紧度属中度，穗码密度中疏，穗形圆筒形，刺毛短且颜色为紫色，护颖紫色，落粒性弱，籽粒黄色，米色黄色。当地农户认为该品种高秆，长穗，早熟，熟色好，米质优，适应性广，抗旱，抗锈病，耐贫瘠。

【**利用价值**】现直接在生产上种植利用，在当地已种植 50 年以上，一般 3 月播种，6 月收获。农户自行留种，自家食用。籽粒主要用于煮粥、做糍粑或酿酒等，常食可强身健体。可作为培育小米长穗新品种的亲本。

41. 杨梅黄粟

【学名】*Setaria italica*

【采集地】广西玉林市容县杨梅镇熊胆村。

【类型及分布】属于感温型地方老品种，糯性，现种植分布少。

【主要特征特性】在南宁种植，春播出苗至抽穗50天，株高119.6cm，穗下节间长21.3cm，主茎直径0.66cm，主茎节数12.9节，主穗长度19.94cm，主穗直径2.03cm，单株草重11.75g，单株穗重11.31g，单穗粒重9.25g，千粒重1.64g，穗松紧度属紧，穗码密度中密，穗形鸡嘴形，刺毛短且颜色为黄色，护颖黄绿色，落粒性弱，籽粒黄色，米色黄色。当地农户认为该品种矮秆早熟，熟色好，米质优，适应性广，抗旱，抗螟虫，抗锈病，耐贫瘠。

【利用价值】现直接在生产上种植利用，在当地已种植50年以上，一般3月播种，6月收获。农户自行留种，自产自销。籽粒主要用于煮粥、做糍粑等，常食可强身健体，有降血压、防治消化不良和安眠健脑等保健养生功效，茎叶可作为牲畜饲料。可作为培育小米早熟新品种的亲本。

第四章
广西稷子种质资源

1. 三皇穄子

【学名】*Eleusine coracana*（广西壮族自治区中国科学院广西植物研究所，2016）

【采集地】广西桂林市灌阳县水车镇三皇村。

【类型及分布】属于感温型地方品种，糯性，当地又称龙爪粟、鸭脚粟、鸭脚米，水车镇各村寨有零星种植分布。

【主要特征特性】在南宁种植，春播出苗至抽穗 76 天，株高 103.8cm，有效分蘖数 3.5 个，主穗长度 9.8cm，主穗分叉数 6.1 个，单株穗重 23.3g，单株粒重 12.02g，千粒重 1.61g，穗形鸭掌形，护颖灰褐色，籽粒圆形，红褐色，糯性。当地农户认为该品种优质，适应性广，抗旱，抗螟虫，抗锈病，耐贫瘠。

【利用价值】目前直接应用于生产，在当地已种植 70 年以上，一般 4 月播种，9 月收获。农户自行留种，自产自销。籽粒主要用于煮粥、做糍粑或喂鸟、药用等，茎叶可作为牲畜饲料。可作为穄子育种亲本。

2. 西岭稷子

【学名】*Eleusine coracana*

【采集地】广西桂林市恭城瑶族自治县西岭镇岛坪村。

【类型及分布】属于感温型地方品种，粳性，西岭镇各村有零星种植分布。

【主要特征特性】在南宁种植，春播出苗至抽穗 76 天，株高 108.4cm，有效分蘖数 1.4 个，主穗长度 12.3cm，主穗分叉数 7.6 个，单株穗重 12.49g，单株粒重 5.88g，千粒重 1.56g，穗形鸭掌形，护颖灰褐色，籽粒圆形，红褐色，粳性。当地农户认为该品种抗旱，抗螟虫，抗锈病，耐贫瘠。

【利用价值】目前直接应用于生产，在当地已种植 50 年以上，一般 5 月播种，10 月收获。农户自行留种，自产自销。籽粒主要用于煮粥、做糍粑，茎叶可作为牲畜饲料。

3. 更新鸭脚米

【学名】*Eleusine coracana*

【采集地】广西河池市天峨县更新乡更新村。

【类型及分布】属于感温型地方品种，糯性，现种植分布少。

【主要特征特性】在南宁种植，春播出苗至抽穗 79 天，株高 111.3cm，有效分蘖数 2.1 个，主穗长度 10.1cm，主穗分叉数 7.2 个，单株穗重 23.66g，单株粒重 11.39g，千粒重 1.25g，穗形鸭掌形，护颖灰褐色，籽粒圆形，紫色，糯性。当地农户认为该品种粒小，适应性广，优质，抗旱，抗螟虫，耐贫瘠。

【利用价值】目前直接应用于生产，在当地已种植 50 年以上，一般 5 月播种，10 月收获。农户自行留种，自家食用。籽粒主要用于煮粥、做糍粑，茎叶可作为牲畜饲料。

4. 红粟米

【学名】*Eleusine coracana*

【采集地】广西梧州市岑溪市水汶镇翰田村。

【类型及分布】属于感温型地方品种，糯性，水汶镇各村有零星种植分布。

【主要特征特性】在南宁种植，春播出苗至抽穗 82 天，株高 109.7cm，有效分蘖数 1.3 个，主穗长度 7.8cm，主穗分叉数 5.7 个，单株穗重 19.38g，单株粒重 10.33g，千粒重 1.51g，穗形鸭掌形，护颖灰褐色，籽粒圆形，红色，糯性。当地农户认为该品种结实率高，适应性广，优质，抗旱，籽粒色泽好，不易生虫霉烂。

【利用价值】目前直接应用于生产，在当地已种植 70 年以上，一般 3 月上旬播种，7 月上旬收获。农户自行留种，自产自销。籽粒用于煮粥，常食对老少体弱者有食疗保健效果，可作为儿童枕芯，有安眠益智之功效，茎叶可作为牲畜饲料。

5. 百乐鸭脚米

【学名】*Eleusine coracana*

【采集地】广西河池市凤山县长洲镇百乐村。

【类型及分布】属于感温型地方品种，粳性，种植分布少。

【主要特征特性】在南宁种植，春播出苗至抽穗 85 天，株高 85.2cm，有效分蘖数 1.8 个，主穗长度 12.2cm，主穗分叉数 7.4 个，单株穗重 40.50g，单株粒重 25.86g，千粒重 1.84g，穗形鸡爪形，护颖灰褐色，籽粒圆形，褐色，粳性。当地农户认为该品种结实率高，抗旱，耐贫瘠，抗病虫害。

【利用价值】目前直接应用于生产，在当地已种植 70 年以上，一般 6 月上旬播种，11 月上旬收获。农户自行留种，自产自销。籽粒主要用于煮粥、做糍粑，常食对老少体弱者有食疗保健之功效，喂养病瘦牲畜可使其变健壮。

6. 石鼓稗子

【学名】*Eleusine coracana*

【采集地】广西来宾市象州县运江镇石鼓村。

【类型及分布】属于感温型地方品种，糯性，运江镇各村有零星种植分布。

【主要特征特性】在南宁种植，春播出苗至抽穗 67 天，株高 89.7cm，有效分蘖数 1.8 个，主穗长度 6.0cm，主穗分叉数 4.3 个，单株穗重 31.20g，单株粒重 17.76g，千粒重 1.67g，穗形拳头形，护颖灰色，籽粒圆形，红褐色，糯性。当地农户认为该品种产量高、优质、抗旱。

【利用价值】目前直接应用于生产，在当地已种植 100 年以上，一般 7 月上旬播种，11 月上旬收获。农户自行留种，自产自销。籽粒主要用于煮粥、做糍粑，常食可调理老少体弱者的肠胃功能。

7. 府城红稗

【**学名**】*Eleusine coracana*

【**采集地**】广西南宁市武鸣区府城镇乐光村。

【**类型及分布**】属于感温型地方品种，粳性，现种植分布少。

【**主要特征特性**】在南宁种植，春播出苗至抽穗 70 天，株高 111.8cm，有效分蘖数 1.8 个，主穗长度 13.2cm，主穗分叉数 4.7 个，单株穗重 16.40g，单株粒重 11.92g，千粒重 2.02g，穗形鸡爪形，护颖淡褐色，籽粒圆形，红色，粳性。当地农户认为该品种大粒，优质，抗旱，适应性广。

【**利用价值**】目前直接应用于生产，在当地已种植 50 年以上，一般 3 月上旬播种，7 月中旬收获。农户自行留种，自家食用。籽粒主要用于煮粥、做糍粑，常食可调理肠胃功能，茎叶可作为牲畜饲料。

8. 长洲穆子

【学名】*Eleusine coracana*

【采集地】广西桂林市兴安县漠川乡长洲村。

【类型及分布】属于感温型地方品种，粳性，现种植分布少。

【主要特征特性】在南宁种植，春播出苗至抽穗 76 天，株高 97.2cm，有效分蘖数 1.6 个，主穗长度 11.1cm，主穗分叉数 8.7 个，单株穗重 37.60g，单株粒重 23.60g，千粒重 1.78g，穗形鸭掌形，护颖淡褐色，籽粒圆形，红色，粳性。当地农户认为该品种结实率高、优质、抗旱、抗蚜虫、抗锈病。

【利用价值】目前直接应用于生产，在当地已种植 50 年以上，一般 5 月播种，11 月收获。农户自行留种，自产自销。籽粒用于煮粥、做糍粑，常食对肠胃有保健功效。可作为穆子育种的亲本。

9. 那洪鹅掌

【学名】*Eleusine coracana*

【采集地】广西百色市凌云县玉洪瑶族乡那洪村。

【类型及分布】属于感温型地方品种，粳性，玉洪瑶族乡各村有零星种植分布。

【主要特征特性】在南宁种植，春播出苗至抽穗 82 天，株高 127.3cm，有效分蘖数 1.7 个，主穗长度 8.7cm，主穗分叉数 5.1 个，单株穗重 21.10g，单株粒重 13.80g，千粒重 1.62g，穗形鹅掌形，护颖淡褐色，籽粒圆形，红色，粳性。当地农户认为该品种结实率高，优质，耐贫瘠。

【利用价值】目前直接应用于生产，在当地已种植 30 年以上，一般 3 月上旬播种，8 月下旬收获。农户自行留种，自产自销。籽粒主要用于煮粥、做糍粑、做糕点，常食对腹泻等疾病有疗效。可作为稆子育种的亲本。

10. 者艾红稗

【学名】*Eleusine coracana*

【采集地】广西百色市隆林各族自治县岩茶乡者艾村。

【类型及分布】属于感温型地方品种，粳性，岩茶乡各村寨有零星种植分布。

【主要特征特性】在南宁种植，春播出苗至抽穗 105 天，株高 121.8cm，有效分蘖数 2.8 个，主穗长度 7.5cm，主穗分叉数 5.3 个，单株穗重 23.69g，单株粒重 12.50g，千粒重 1.53g，穗形拳头形，护颖褐色，籽粒圆形，红褐色，粳性。当地农户认为该品种晚熟，结实率高，优质，耐寒，耐贫瘠。

【利用价值】目前直接应用于生产，在当地已种植 60 年以上，一般 4 月播种，9 月收获。农户自行留种，自产自销。籽粒主要用于煮粥、做糍粑或酿酒等，茎叶可作为牲畜饲料。可作为稏子育种的亲本。

11. 金江穄子

【学名】*Eleusine coracana*

【采集地】广西桂林市资源县瓜里乡金江村。

【类型及分布】属于感温型地方品种，糯性，瓜里乡各村有零星种植分布。

【主要特征特性】在南宁种植，春播出苗至抽穗 100 天，株高 118.7cm，有效分蘖数 1.3 个，主穗长度 10.8cm，主穗分叉数 6.9 个，单株穗重 22.40g，单株粒重 10.30g，千粒重 1.71g，穗形鹅掌形，护颖褐色，籽粒圆形，红色，糯性。当地农户认为该品种耐贮藏、优质、抗锈病、抗蚜虫、抗旱、耐寒、耐贫瘠。

【利用价值】目前直接应用于生产，在当地已种植 30 年以上，一般 5 月播种，10 月收获。农户自行留种，自产自销。籽粒主要用于煮粥、做糍粑或酿酒等，常食益肠胃，茎叶可作为牲畜饲料。

12.拉炭鸭脚粟

【学名】*Eleusine coracana*

【采集地】广西河池市宜州区龙头乡龙头村。

【类型及分布】属于感温型地方品种，糯性，现种植分布少。

【主要特征特性】在南宁种植，春播出苗至抽穗78天，株高129.2cm，有效分蘖数1.6个，主穗长度10.3cm，主穗分叉数5.0个，单株穗重15.86g，单株粒重9.15g，千粒重1.37g，穗形鸭掌形，护颖褐色，籽粒圆形，红色，糯性。当地农户认为该品种耐贮藏、高秆、抗螟虫、抗旱、适应性广、耐贫瘠。

【利用价值】目前直接应用于生产，在当地已种植50年以上，一般4月播种，9月收获。农户自行留种，自家食用。籽粒主要用于煮粥、做糍粑或酿酒等，可作为婴儿枕芯，有安眠益智之功效，茎叶可作为牲畜饲料。

13. 振新鸭脚粟

【学名】*Eleusine coracana*

【采集地】广西玉林市容县黎村镇振新村。

【类型及分布】属于感温型地方老品种，粳性，现黎村镇各村有零星种植分布。

【主要特征特性】在南宁种植，春播出苗至抽穗 70 天，株高 81.56cm，有效分蘖数 3.0 个，主穗长度 5.5cm，主穗分叉数 6.1 个，单株穗重 12.53g，单株粒重 8.10g，千粒重 1.82g，穗形拳头形，护颖淡褐色，籽粒圆形，红色，粳性。当地农户认为该品种耐贮藏、矮秆、优质、抗锈病、抗旱、适应性广。

【利用价值】目前直接应用于生产，在当地已种植 70 年以上，一般 2 月上旬播种，7 月中旬收获。农户自行留种，自产自销。籽粒主要用于煮粥或作特色菜原料、药材等，茎叶可作为牲畜饲料。

14. 杆洞穆子

【学名】*Eleusine coracana*

【采集地】广西柳州市融水苗族自治县杆洞乡花雅村。

【类型及分布】属于感温型地方品种，糯性，杆洞乡各村有零星种植分布。

【主要特征特性】在南宁种植，夏播出苗至抽穗 75 天，株高 96.6cm，有效分蘖数 2.3 个，主穗长度 7.5cm，主穗分叉数 5.7 个，单株穗重 18.03g，单株粒重 10.15g，千粒重 1.61g，穗形鸭掌形，护颖淡褐色，籽粒圆形、红色、糯性。当地农户认为该品种株形直立、优质、抗旱、抗病虫害、耐贫瘠。

【利用价值】目前直接应用于生产，在当地已种植 100 年以上，一般 5 月上旬播种，10 月中旬收获。农户自行留种，自产自销。籽粒主要用于煮粥、做糍粑或酿酒等。

15. 洞头稌子

【学名】*Eleusine coracana*

【采集地】广西柳州市融水苗族自治县洞头镇甲烈村。

【类型及分布】属于感温型地方品种，粳性，现洞头镇各村寨有零星种植分布。

【主要特征特性】在南宁种植，夏播出苗至抽穗75天，株高96.6cm，有效分蘖数2.3个，主穗长度7.5cm，主穗分叉数5.7个，单株穗重18.03g，单株粒重10.15g，千粒重1.61g，穗形鸡爪形，护颖淡褐色，籽粒圆形，红色，粳性。当地农户认为该品种株形直立，优质，抗旱，抗病虫害，耐贫瘠。

【利用价值】目前直接应用于生产，在当地已种植100年以上，一般5月上旬播种，10月中旬收获。农户自行留种，自产自销。籽粒主要用于煮粥、做糍粑、酿酒等，常食对肠胃有保健功效，可作为婴儿枕芯，有安眠益智之功效。可作为稌子育种亲本。

16. 泗孟鸭脚粟

【学名】*Eleusine coracana*

【采集地】广西河池市东兰县泗孟乡钦能村。

【类型及分布】属于感温型地方品种，粳性，当地又称鸭脚米、龙爪粟、稷米、稷籽，泗孟乡各村有零星种植分布。

【主要特征特性】在南宁种植，春播出苗至抽穗 70 天，株高 90.4cm，有效分蘖数 3.3 个，主穗长度 8.3cm，主穗分叉数 5.9 个，单株穗重 28.60g，单株粒重 17.50g，千粒重 1.53g，穗形鸭掌形，护颖灰褐色，籽粒圆形，红褐色，粳性。当地农户认为该品种是古老的地方品种、优质、抗旱、抗螟虫，适应性广。

【利用价值】目前直接应用于生产，在当地已种植 100 年以上，一般 5 月播种，6 月移栽，11 月收获。农户自行留种，自产自销。籽粒主要用于煮粥、做糍粑、做麦芽糖或酿酒等，常食用可降血压和降血脂，对腹泻等肠胃病有疗效。可作为稷子育种的亲本。

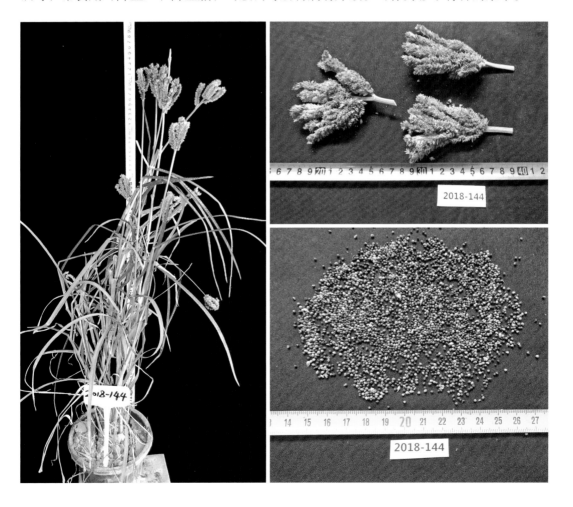

17. 桐石穇子

【学名】 *Eleusine coracana*

【采集地】 广西贺州市富川瑶族自治县朝东镇桐石村。

【类型及分布】 属于感温型地方品种，粳性，当地又称鸭脚米、穇米等，朝东镇各村有零星种植分布。

【主要特征特性】 在南宁种植，春播出苗至抽穗70天，株高92.5cm，有效分蘖数3.0个，主穗长度12.9cm，主穗分叉数6.9个，单株穗重17.60g，单株粒重10.89g，千粒重1.22g，穗形鸡爪形，护颖淡褐色，籽粒圆形，红褐色，粳性。当地农户认为该品种长穗、优质、抗旱、抗螟虫、适应性广。

【利用价值】 目前直接应用于生产，在当地已种植50年以上，一般4月播种，8月收获。农户自行留种，自产自销。籽粒主要用于煮粥、做糍粑或酿酒等，常食对腹泻等肠胃病有疗效。可作为培育长穗穇子新品种的亲本。

18. 大地稗子

【学名】*Eleusine coracana*

【采集地】广西桂林市恭城瑶族自治县三江乡大地村。

【类型及分布】属于感温型地方品种，糯性，现种植分布少。

【主要特征特性】在南宁种植，春播出苗至抽穗 75 天，株高 101.3cm，有效分蘖数 2.8 个，主穗长度 11.3cm，主穗分叉数 6.3 个，单株穗重 22.54g，单株粒重 13.72g，千粒重 1.54g，穗形鸭掌形，护颖淡褐色，籽粒圆形，红色，糯性。当地农户认为该品种结实率高，优质，抗旱，耐贫瘠，适应性广。

【利用价值】目前直接应用于生产，在当地已种植 50 年以上，一般 5 月播种，9 月收获。农户自行留种，自产自销。籽粒主要用于煮粥、做糍粑或酿酒等，常食对腹泻等肠胃病有疗效，也可作为地方特色菜的原料或药材。

19. 罗秀鸭脚粟

【学名】*Eleusine coracana*

【采集地】广西贵港市桂平市罗秀镇罗秀村。

【类型及分布】属于感温型地方品种，糯性，现种植分布少。

【主要特征特性】在南宁种植，春播出苗至抽穗 73 天，株高 96.3cm，有效分蘖数 3.0 个，主穗长度 5.9cm，主穗分叉数 6.1 个，单株穗重 22.20g，单株粒重 14.70g，千粒重 1.91g，穗形拳头形，护颖褐色，籽粒圆形，红色，糯性。当地农户认为该品种结实率高，大穗，抗病虫害，抗旱。

【利用价值】目前直接应用于生产，在当地已种植 50 年以上，一般 3 月播种，7 月收获。农户自行留种，自产自销。籽粒主要用于煮粥、做糍粑等，常食对肠胃有保健功效，也可作为地方特色菜的原料或药材，茎叶可作为牲畜饲料。

20. 散米

【学名】*Eleusine coracana*

【采集地】广西河池市环江毛南族自治县龙岩乡朝阁村。

【类型及分布】属于感温型地方品种，糯性，现种植分布少。

【主要特征特性】在南宁种植，春播出苗至抽穗 82 天，株高 96.3cm，有效分蘖数 3.0 个，主穗长度 10.7cm，主穗分叉数 6.8 个，单株穗重 23.61g，单株粒重 14.03g，千粒重 1.58g，穗形鸭掌形，护颖褐色，籽粒圆形，红色，糯性。当地农户认为该品种适应性广、抗锈病、抗螟虫、耐寒。

【利用价值】目前直接应用于生产，在当地已种植 70 年以上，一般 5 月中旬播种，10 月下旬收获。农户自行留种，自产自销。籽粒用于煮粥、做糍粑，也可作为饲养鸟类的优质饲料等，茎叶可作为牲畜饲料。

21. 平兰稷子

【学名】*Eleusine coracana*

【采集地】广西百色市凌云县伶站瑶族乡平兰村。

【类型及分布】属于感温型地方品种，糯性，伶站瑶族乡各村有零星种植分布。

【主要特征特性】在南宁种植，春播出苗至抽穗 80 天，株高 109.3cm，有效分蘖数 3.0 个，主穗长度 10.3cm，主穗分叉数 5.2 个，单株穗重 19.80g，单株粒重 12.30g，千粒重 1.64g，穗形鸭掌形，护颖浅褐色，籽粒圆形，红色，糯性。当地农户认为该品种适应性广、优质、抗旱、抗病虫害。

【利用价值】目前直接应用于生产，在当地已种植 20 年以上，一般 4 月上旬播种，8 月下旬收获。农户自行留种，自产自销。籽粒主要用于煮粥、做糍粑或药用，有保健和养胃之功效，茎叶可作为牲畜饲料。

22. 沙里鹅掌

【学名】*Eleusine coracana*

【采集地】广西百色市凌云县沙里瑶族乡沙里村。

【类型及分布】属于感温型地方品种，糯性，现种植分布少。

【主要特征特性】在南宁种植，夏播出苗至抽穗 70 天，株高 99.4cm，有效分蘖数 2.3 个，主穗长度 8.05cm，主穗分叉数 5.1 个，单株穗重 16.10g，单株粒重 8.92g，千粒重 1.52g，穗形鹅掌形，护颖褐色，籽粒圆形，红色，糯性。当地农户认为该品种适应性广、优质、抗旱。

【利用价值】目前直接应用于生产，在当地已种植 50 年以上，一般 3 月下旬播种，8 月下旬收获。农户自行留种，自产自销。籽粒主要用于煮粥、做糍粑，常食对老少腹泻病患者有疗效，茎叶可作为牲畜青饲料。

23. 城岭穆

【学名】*Eleusine coracana*

【采集地】广西桂林市龙胜各族自治县江底乡城岭村。

【类型及分布】属于感温型地方品种，粳性，现种植分布少。

【主要特征特性】在南宁种植，夏播出苗至抽穗75天，株高122.3cm，有效分蘖数2.1个，主穗长度12.9cm，主穗分叉数7.0个，单株穗重22.67g，单株粒重14.68g，千粒重2.03g，穗形鸡爪形，护颖淡褐色，籽粒圆形，红色，粳性。当地农户认为该品种适应性广，优质，抗旱。

【利用价值】目前直接应用于生产，在当地已种植50年以上，一般4月上旬播种，8月上旬收获。农户自行留种，自家食用。籽粒用于煮粥、做糍粑或酿酒、药用等。

24. 壤寨䅟

【学名】*Eleusine coracana*

【采集地】广西桂林市龙胜各族自治县龙胜镇日新村。

【类型及分布】属于感温型地方品种，粳性，现种植分布少。

【主要特征特性】在南宁种植，夏播出苗至抽穗 72 天，株高 92.80cm，有效分蘖数 3.0 个，主穗长度 9.33cm，主穗分叉数 5.8 个，单株穗重 16.35g，单株粒重 10.52g，千粒重 1.89g，穗形鸭掌形，护颖褐色，籽粒圆形，红色，粳性。当地农户认为该品种适应性广，优质，抗旱，耐寒。

【利用价值】目前直接应用于生产，在当地已种植 50 年以上，一般 4 月上旬播种，8 月上旬收获。农户自行留种，自家食用。籽粒主要用于煮粥、做糍粑。可作为䅟子育种的亲本。

25.蒙洞穄米

【**学名**】*Eleusine coracana*

【**采集地**】广西桂林市龙胜各族自治县平等镇蒙洞村。

【**类型及分布**】属于感温型地方品种，粳性，平等镇各村有零星种植分布。

【**主要特征特性**】在南宁种植，夏播出苗至抽穗 68 天，株高 121.8cm，有效分蘖数 3.3 个，主穗长度 11.36cm，主穗分叉数 8.2 个，单株穗重 25.21g，单株粒重 14.85g，千粒重 1.79g，穗形鸭掌形，护颖褐色，籽粒圆形，红色，粳性。当地农户认为该品种适应性广，熟色好，高产，优质，抗旱，耐寒。

【**利用价值**】目前直接应用于生产，在当地已种植 50 年以上，一般 4 月播种，8 月收获。农户自行留种，自产自销。籽粒主要用于煮粥、做糍粑或酿酒等，茎叶可作为牲畜饲料。可作为穄子育种的亲本。

26. 新元鸭脚粟

【学名】*Eleusine coracana*

【采集地】广西桂林市龙胜各族自治县平等镇新元村。

【类型及分布】属于感温型地方品种，糯性，现种植分布少。

【主要特征特性】在南宁种植，夏播出苗至抽穗 73 天，株高 99.7cm，有效分蘖数 2.6 个，主穗长度 10.17cm，主穗分叉数 7.3 个，单株穗重 16.74g，单株粒重 9.26g，千粒重 1.83g，穗形鸭掌形，护颖褐色，籽粒圆形，红色，糯性。当地农户认为该品种适应性广，熟色好，优质，抗旱，耐寒。

【利用价值】目前直接应用于生产，在当地已种植 30 年以上，一般 5 月播种，9 月收获。农户自行留种，自家食用。籽粒主要用于煮粥、做糍粑或酿酒等，常食对腹泻病患者有疗效。

27. 白石穄子

【学名】*Eleusine coracana*

【采集地】广西桂林市龙胜各族自治县龙脊镇白石村。

【类型及分布】属于感温型地方品种，粳性，现种植分布少。

【主要特征特性】在南宁种植，夏播出苗至抽穗 68 天，株高 102.8cm，有效分蘖数 3.0 个，主穗长度 6.55cm，主穗分叉数 5.3 个，单株穗重 22.20g，单株粒重 12.50g，千粒重 2.17g，穗形鸭掌形，护颖褐色，籽粒圆形，红褐色，粳性。当地农户认为该品种适应性广，熟色好，优质，抗旱，耐寒。

【利用价值】目前直接应用于生产，在当地已种植 30 年以上，一般 5 月播种，6 月移栽，10 月收获。农户自行留种，自产自销。籽粒主要用于煮粥、做糍粑，常食有降血压、降血脂的保健功效。可作为培育大粒型穄子品种的亲本。

28. 地灵穄子

【学名】*Eleusine coracana*

【采集地】广西桂林市龙胜各族自治县乐江镇地灵村。

【类型及分布】属于感温型地方品种、粳性，乐江镇各村有零星种植分布。

【主要特征特性】在南宁种植，夏播出苗至抽穗 63 天，株高 90.8cm，有效分蘖数 28 个，主穗长度 6.7cm，主穗分叉数 5.8 个，单株穗重 16.02g，单株粒重 8.87g，千粒重 1.76g，穗形鸭掌形，护颖褐色，籽粒圆形、红色，粳性。当地农户认为该品种适应性广、早熟、优质、抗旱。

【利用价值】目前直接应用于生产，在当地已种植 30 年以上，一般 4 月上旬播种，7 月下旬收获。农户自行留种，自产自销。籽粒主要用于煮粥、做糍粑，可作为救荒作物种植。

29. 六为鹅掌

【学名】*Eleusine coracana*

【采集地】广西百色市乐业县同乐镇六为村。

【类型及分布】属于感光型地方老品种，糯性，现种植分布少。

【主要特征特性】在南宁种植，夏播出苗至抽穗85天，株高91.7cm，有效分蘖数3.1个，主穗长度5.7cm，主穗分叉数8.4个，单株穗重19.30g，单株粒重12.90g，千粒重1.96g，穗形拳头形，护颖淡褐色，籽粒圆形，红色，糯性。当地农户认为该品种晚熟，优质，抗旱，抗病虫害，耐寒，耐贫瘠。

【利用价值】目前直接应用于生产，在当地已种植70年以上，一般5月上旬播种，6月移栽，11月收获。农户自行留种，自产自销。籽粒主要用于煮粥、做糍粑、做糕点、做麦芽糖，茎叶可作为牲畜青饲料。可作为稷子育种的亲本。

30. 龙洋鹅掌

【学名】*Eleusine coracana*

【采集地】广西百色市乐业县同乐镇龙洋村。

【类型及分布】属于感温型地方品种，糯性，同乐镇各村有零星种植分布。

【主要特征特性】在南宁种植，夏播出苗至抽穗 80 天，株高 97.8cm，有效分蘖数 2.2 个，主穗长度 8.7cm，主穗分叉数 6.0 个，单株穗重 19.65g，单株粒重 11.93g，千粒重 1.49g，穗形鹅掌形，护颖褐色，籽粒圆形，红色，糯性。当地农户认为该品种晚熟、优质、抗旱、耐寒、耐贫瘠。

【利用价值】目前直接应用于生产，在当地已种植 50 年以上，一般 4 月上旬播种，8 月下旬收获。农户自行留种，自产自销。籽粒主要用于煮粥、做糍粑或酿酒。可作为穆子育种的亲本。

31. 弄广穄子

【学名】*Eleusine coracana*

【采集地】广西百色市凌云县泗城镇镇洪村。

【类型及分布】属于感温型地方品种，糯性，泗城镇各村有零星种植分布。

【主要特征特性】在南宁种植，夏播出苗至抽穗80天，株高85.7cm，有效分蘖数1.7个，主穗长度6.9cm，主穗分叉数6.9个，单株穗重9.18g，单株粒重6.43g，千粒重1.78g，穗形鸭掌形，护颖褐色，籽粒圆形，红褐色，糯性。当地农户认为该品种矮秆，优质，抗旱，耐寒，耐贫瘠。

【利用价值】目前直接应用于生产，在当地已种植50年以上，一般5月上旬播种，9月下旬收获。农户自行留种，自产自销。籽粒主要用于煮粥、做糍粑或酿酒等，也可作为饲料养鸟。可作为穄子育种的亲本。

32. 中亭鸭脚粟

【学名】*Eleusine coracana*

【采集地】广西河池市凤山县中亭乡中亭村。

【类型及分布】属于感温型地方品种，糯性，现种植分布少。

【主要特征特性】在南宁种植，夏播出苗至抽穗75天，株高107.1cm，有效分蘖数2.7个，主穗长度8.35cm，主穗分叉数6.5个，单株穗重15.61g，单株粒重8.94g，千粒重1.89g，穗形鸭掌形，护颖褐色，籽粒圆形，红色，糯性。当地农户认为该品种优质、抗旱、抗病虫害、耐寒、耐贫瘠。

【利用价值】目前直接应用于生产，在当地已种植80年以上，一般4月播种，5月移栽，10月收获。农户自行留种，自产自销。籽粒主要用于煮粥、做糍粑、做糕点、做麦芽糖等或酿酒、药用等，常食对腹泻等肠胃病患者有疗效，喂养腹泻瘦弱的猪、牛、羊等可使之变强壮、肥胖。

33. 寿源鸭脚米

【学名】*Eleusine coracana*

【采集地】广西河池市凤山县三门海镇坡心村。

【类型及分布】属于感温型地方品种，粳性，现种植分布少。

【主要特征特性】在南宁种植，夏播出苗至抽穗 68 天，株高 102.6cm，有效分蘖数 2.4 个，主穗长度 6.93cm，主穗分叉数 4.7 个，单株穗重 15.61g，单株粒重 8.94g，千粒重 2.10g，穗形鸭掌形，护颖褐色，籽粒圆形，红色，粳性。当地农户认为该品种优质，抗旱，抗蚜虫，耐贫瘠。

【利用价值】目前直接应用于生产，在当地已种植 100 年以上，一般 5 月播种，11 月收获。农户自行留种，自产自销。籽粒主要用于煮粥、做糍粑或酿酒、药用等，常食对腹泻等肠胃病患者有疗效，可降血压、降血脂。可在美丽乡村建设中作为绿色健康长寿作物种植，生产旅游产品。茎叶可作为牲畜饲料。

34. 弄美鸭脚米

【学名】*Eleusine coracana*

【采集地】广西河池市巴马瑶族自治县西山乡干长村。

【类型及分布】属于感温型地方品种，糯性，现种植分布少。

【主要特征特性】在南宁种植，夏播出苗至抽穗83天，株高104.8cm，有效分蘖数2.7个，主穗长度6.85cm，主穗分叉数8.8个，单株穗重15.09g，单株粒重10.31g，千粒重1.73g，穗形拳头形，护颖浅褐色，籽粒圆形，红色，糯性。当地农户认为该品种晚熟，优质，抗旱，耐贫瘠。

【利用价值】目前直接在生产上种植利用，在当地已种植30年以上，一般5月播种，10月收获。农户自行留种，自产自销。籽粒主要用于煮粥、做糍粑或酿酒、药用等，常食对腹泻等肠胃病患者有疗效，也可作为婴儿枕芯，有安神益智之功效。

35. 桐骨穇米

【**学名**】*Eleusine coracana*

【**采集地**】广西崇左市宁明县海渊镇桐骨村。

【**类型及分布**】属于感温型地方品种，糯性，现种植分布少。

【**主要特征特性**】在南宁种植，春播出苗至抽穗 70 天，株高 132.67cm，有效分蘖数 1.7 个，主穗长度 5.63cm，主穗分叉数 6.6 个，单株穗重 10.27g，单株粒重 7.39g，千粒重 1.82g，穗形拳头形，护颖褐色，籽粒圆形，红色，糯性。当地农户认为该品种优质，抗旱，抗锈病，耐贫瘠。

【**利用价值**】目前直接应用于生产，在当地已种植 50 年以上，一般 4 月播种，8 月收获。农户自行留种，自产自销。籽粒主要用于煮粥、做糍粑或酿酒、药用等，茎叶可作为牲畜饲料。

36. 桃岭鸭脚米

【学名】*Eleusine coracana*

【采集地】广西防城港市上思县那琴乡桃岭村。

【类型及分布】属于感温型地方品种，糯性，现种植分布少。

【主要特征特性】在南宁种植，春播出苗至抽穗75天，株高122.3cm，有效分蘖数3个，主穗长度6.4cm，主穗分叉数6.8个，单株穗重21.45g，单株粒重15.23g，千粒重2.07g，穗形鸭脚形，护颖褐色，籽粒圆形，红色，糯性。当地农户认为该品种熟色好、优质、抗旱、抗锈病、耐贫瘠。

【利用价值】目前直接在生产上种植利用，在当地已种植50年以上，一般4月播种，8月收获。农户自行留种，自产自销。籽粒主要用于煮粥、做糍粑或酿酒、药用等，常食对腹泻等肠胃病患者有疗效，喂养瘦病牛可使之强壮、肥胖。

37. 龙弟鸭脚粟

【**学名**】*Eleusine coracana*

【**采集地**】广西南宁市隆安县乔建镇龙弟村。

【**类型及分布**】属于感温型地方老品种，糯性，现种植分布少。

【**主要特征特性**】在南宁种植，春播出苗至抽穗 70 天，株高 119.1cm，有效分蘖数 1.1 个，主穗长度 5.9cm，主穗分叉数 6.2 个，单株穗重 10.06g，单株粒重 6.03g，千粒重 1.86g，穗形拳头形，护颖褐色，籽粒圆形，红色，糯性。当地农户认为该品种熟色好，优质，抗旱，抗蚜虫，抗锈病，耐贫瘠。

【**利用价值**】目前直接在生产上种植利用，在当地已种植 70 年以上，一般 4 月播种，8 月收获。农户自行留种，自产自销。籽粒主要用于煮粥、做糍粑、做糕点或酿酒、药用等，嫩植株可作为牲畜饲料。

38. 瑶乡鸭脚粟

【学名】*Eleusine coracana*

【采集地】广西防城港市上思县南屏瑶族乡渠坤村。

【类型及分布】属于感温型地方品种，粳性，现种植分布少。

【主要特征特性】在南宁种植，春播出苗至抽穗 72 天，株高 127.2cm，有效分蘖数 2 个，主穗长度 6.1cm，主穗分叉数 6.0 个，单株穗重 17.32g，单株粒重 10.62g，千粒重 2.06g，穗形鸭脚形，护颖褐色，籽粒圆形，红色，粳性。当地农户认为该品种熟色好，结实率高，优质，抗旱，耐贫瘠。

【利用价值】目前直接在生产上种植利用，在当地已种植 70 年以上，一般 5 月播种，10 月收获。农户自行留种，自产自销。籽粒主要用于煮粥、做糍粑、做糕点或酿酒、药用等，嫩植株可作为牲畜饲料。可作为穇子育种的亲本。

第五章
广西薏苡种质资源

1. 新甲水生薏苡

【学名】*Coix aquatica*

【采集地】广西百色市靖西市新甲乡。

【类型及分布】属于野生资源，水生薏苡种，植株高大，雌蕊发育正常，雄蕊退化，造成雄性不育，有苞果，无果仁，当地村民称为公薏苡，野生状态，靠根茎无性繁殖，现生长分布少。

【主要特征特性】在南宁种植，出苗至抽穗 116 天，株高 331.8cm，茎粗 1.38cm，单株茎数 9.5 个，籽粒着生高度 232cm，果壳黄色，总苞卵圆形、甲壳质，籽粒长度 0.97cm、宽度 0.67cm，没有薏仁，百粒重 6.37g。当地农户认为新甲水生薏苡适应性广，根系发达，茎秆粗壮，通透性好，分蘖多，抗病，耐涝，耐阴，耐贫瘠。

【利用价值】可直接在生产上种植利用，在当地生长有 70 年以上，多年生。嫩茎叶可作为牧草饲料，果壳可制作手镯、纽扣等，根、茎、叶煮水喝有清凉消暑的作用。可用于护堤护塘、鱼塘遮阴，净化富 P、N 水体污染。可作为培育雄性不育株的亲本或分类、遗传研究材料等。

2. 同德水生薏苡

【**学名**】*Coix aquatica*

【**采集地**】广西百色市靖西市同德乡。

【**类型及分布**】属于野生资源，水生薏苡种，有苞果，无果仁，雄性不育，植株高大，当地村民称为公薏苡，现生长分布少，野生状态，靠根茎无性繁殖。

【**主要特征特性**】在南宁种植，出苗至抽穗 112 天，株高 277.2cm，茎粗 1.23cm，单株茎数 8.7 个，籽粒着生高度 180.2cm，果壳黄色，总苞卵圆形、甲壳质，籽粒长度 0.98cm、宽度 0.68cm，没有薏仁，百粒重 5.67g。当地农户认为同德水生薏苡适应性广，根系发达，茎秆粗壮，通透性好，分蘖多，抗病，耐涝，耐阴，耐贫瘠。

【**利用价值**】可直接在生产上种植利用，在当地繁殖生长有 70 年以上，多年生。嫩茎叶可作为牲畜饲料，茎秆可作为造纸原料，果壳可用于制作工艺品。可用于鱼塘护堤遮阴，河道护堤固堤，净化富 P、N 等水体污染。可用作选育雄性不育材料的亲本。

3. 尚宁水生薏苡

【学名】*Coix aquatica*

【采集地】广西来宾市忻城县城关镇。

【类型及分布】属于野生资源，水生薏苡种，有苞果，无果仁，雄性不育，植株较高。现生长分布少，野生状态，靠根茎无性繁殖，茎秆粗壮，茎质地为半蒲心，通透性好。

【主要特征特性】在南宁种植，出苗至抽穗110天，株高265.6cm，茎粗1.14cm，单株茎数9.2个，籽粒着生高度172.3cm，果壳黄色，总苞椭圆形、甲壳质，籽粒长度0.90cm、宽度0.68cm，没有薏仁，百粒重8.03g。当地农户认为该水生薏苡适应性广，根系发达，分蘖多，抗病，耐涝，耐阴，耐贫瘠。

【利用价值】可直接在生产上种植利用，在当地繁殖生长有50年以上，多年生。嫩茎叶可作为牲畜饲料，茎秆可作为造纸原料，果壳可制作工艺品，根、茎、叶煮水喝有清凉消暑的作用。可用于鱼塘护堤遮阴，河道护堤固堤，净化富P、N等水体污染。可用作亲本选育雄性不育材料和生物遗传分类材料。

4. 六禾

【学名】*Coix lacryma-jobi*（广西壮族自治区中国科学院广西植物研究所，2016）

【采集地】广西百色市那坡县城厢镇那赖村。

【类型及分布】属于野生资源，薏苡野生种，果壳较硬，当地农户认为其是五谷以外能食的禾本科作物，将它称之为六禾。那赖小河两岸有零星分布，自然生长繁殖，成熟种子掉落后沿小河流动在岸边潮湿处生长繁殖。

【主要特征特性】在南宁种植，出苗至抽穗 90 天，株高 200.8cm，茎粗 0.81cm，单株茎数 5.3 个，籽粒着生高度 75.9cm，果壳黑色，总苞卵圆形、珐琅质，籽粒长度 0.79cm、宽度 0.57cm，薏仁长度 0.40cm、宽度 0.42cm、红棕色，百粒重 9.95g，百仁重 3.74g。当地农户认为六禾优质，抗白叶枯病，耐涝，耐贫瘠，易收种。

【利用价值】可直接应用于生产，在当地生长已有 70 年以上。一般生长期为 3～11 月，幼嫩茎叶可作为牧草饲料，果壳可用于制作手镯、黑衣壮族服饰纽扣等工艺品，薏仁可食用或药用。

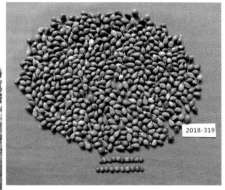

5. 德隆薏苡

【学名】 *Coix lacryma-jobi*

【采集地】 广西百色市那坡县德隆乡德隆村。

【类型及分布】 属于野生资源，薏苡野生小果种，果壳黑小而坚硬，当地村民称为小薏米。德隆河两岸边有零星生长分布，野生状态，成熟种子掉落后沿河流漂移繁殖。

【主要特征特性】 在南宁种植，出苗至抽穗 95 天，株高 278.2cm，茎粗 1.03cm，单株茎数 4.5 个，籽粒着生高度 167.3cm，果壳黑色，总苞近圆柱形、珐琅质，籽粒长度 0.84cm、宽度 0.62cm，薏仁长度 0.45cm、宽度 0.44cm、红棕色，百粒重 12.02g，百仁重 4.24g。当地农户认为德隆薏苡优质，抗黑穗病，耐涝，耐贫瘠，但结果部位高，收种花工多。

【利用价值】 可直接在生产上种植利用，在当地生长已有 70 年以上。一般生长期为 3～11 月，幼嫩茎叶可作为牧草饲料，果壳可用于制作手镯、服饰纽扣、垫片等工艺品，薏仁可食用或药用。

6. 灰壳薏苡

【学名】*Coix lacryma-jobi*

【采集地】广西百色市那坡县平孟镇那万村。

【类型及分布】属于野生资源，薏苡野生种。果壳灰色、小而坚硬，当地村民称为小薏米。在平孟镇中越边境的村庄有零星分布，野生状态，成熟种子掉落后沿水沟漂移繁殖。

【主要特征特性】在南宁种植，出苗至抽穗 90 天，株高 211.2cm，茎粗 1.02cm，单株茎数 4.0 个，籽粒着生高度 109.7cm，果壳灰色，总苞近圆柱形、珐琅质，籽粒长度 0.87cm、宽度 0.57cm，薏仁长度 0.49cm、宽度 0.43cm、红棕色，百粒重 11.67g，百仁重 4.66g。当地农户认为灰壳薏苡优质、抗黑穗病、耐涝、耐贫瘠。

【利用价值】可直接在生产上种植利用，在当地生长已有 50 年以上。一般生长期为 3～11 月，嫩茎叶可作为牧草饲料，果壳可用于制作手镯、垫片等工艺品，薏仁可食用或药用。

7. 大颗薏苡

【学名】*Coix lacryma-jobi*

【采集地】广西百色市靖西市新甲乡新荣村。

【类型及分布】属于野生资源，薏苡野生种，果壳灰色相间、大而坚硬，当地村民看薏苡果形状似算盘的珠子而称其为盘珠子。现生长分布少，野生状态，成熟种子掉落后自然生长繁殖。

【主要特征特性】在南宁种植，出苗至抽穗98天，株高272.1cm，茎粗1.45cm，单株茎数8.0个，籽粒着生高度151.7cm，果壳灰色，总苞近圆形、珐琅质，籽粒长度0.88cm、宽度0.87cm，薏仁长度0.50cm、宽度0.63cm、棕色，百粒重29.91g，百仁重10.36g。当地农户认为该薏苡适应性广，茎秆粗壮、分蘖多，籽粒较大，优质，抗黑穗病，耐涝，耐贫瘠。

【利用价值】可直接在生产上种植利用，在当地生长有70年以上。一般生长期为3~12月，嫩茎叶可作为牧草饲料，果壳可用于制作手镯、纽扣、垫片等工艺品，薏仁食用或药用。也可作为薏苡育种的亲本材料。

8. 沙里薏苡

【学名】*Coix lacryma-jobi*

【采集地】广西百色市凌云县沙里瑶族乡沙里村。

【类型及分布】属于野生资源，薏苡野生种，果壳黑色，小而坚硬，当地村民称为小薏米。沙里瑶族乡沙里村的村寨边、那坝河沿岸有零星分布，野生状态，成熟种子掉落后沿河流漂移自然繁殖。

【主要特征特性】在南宁种植，出苗至抽穗 105 天，株高 279.5cm，茎粗 1.05cm，单株茎数 5.8 个，籽粒着生高度 168.7cm，果壳黑色，总苞椭圆形、珐琅质，籽粒长度 0.70cm、宽度 0.58cm，薏仁长度 0.41cm、宽度 0.40cm、棕色，百粒重 11.01g，百仁重 3.73g。当地农户认为该薏苡优质，结果多，熟色好，抗黑穗病，耐涝，耐贫瘠，但籽粒着生高度高，收种时花工多。

【利用价值】可直接在生产上种植利用，在当地生长有 50 年以上，越年生，嫩茎叶可作为牧草饲料，当地瑶族女同胞利用果壳制作手镯、纽扣等，薏仁可食用或药用。可作为薏苡育种亲本材料。

9. 黄寨薏苡

【学名】*Coix lacryma-jobi*

【采集地】广西桂林市龙胜各族自治县平等镇平定村。

【类型及分布】属于野生资源，薏苡野生种。果壳灰白色，小而坚硬，当地村民称为小薏米。现生长分布少，野生状态，成熟种子掉落后沿河流漂移自然繁殖。

【主要特征特性】在南宁种植，出苗至抽穗 55 天，株高 98.4cm，茎粗 0.65cm，单株茎数 5.8 个，籽粒着生高度 40.5cm，果壳灰白色，总苞近圆形、珐琅质，籽粒长度 0.63cm、宽度 0.62cm，薏仁长度 0.36cm、宽度 0.43cm、褐色，百粒重 10.72g，百仁重 2.95g。当地农户认为该薏苡矮秆，早熟，优质，耐涝，耐贫瘠，但易早衰。

【利用价值】可直接在生产上种植利用，在当地生长有 50 年以上，越年生，嫩茎叶可作为牧草饲料，薏仁可食用或药用。可作为培育矮秆早熟品种的亲本。

10. 幼平川谷

【学名】*Coix lacryma-jobi*

【采集地】广西百色市乐业县幼平乡幼里村。

【类型及分布】属于野生资源，薏苡野生种。果壳褐色而坚硬，当地村民称为川谷。在幼平乡各村有零星生长分布，野生状态，成熟种子掉落后自然繁殖。

【主要特征特性】在南宁种植，出苗至抽穗 75 天，株高 160.5cm，茎粗 0.98cm，单株茎数 10.8 个，籽粒着生高度 85.3cm，果壳褐色，总苞椭圆形、珐琅质，籽粒长度 0.96cm、宽度 0.61cm，薏仁长度 0.44cm、宽度 0.43cm、褐色，百粒重 14.69g，百仁重 3.87g。当地农户认为该川谷生长茂盛，结果多，熟色好，抗病，耐涝，耐贫瘠。

【利用价值】可直接在生产上种植利用，在当地生长有 70 年以上，越年生，嫩茎叶可作为牧草饲料，果壳可制作工艺品，如菜碟垫、手镯、纽扣等，薏仁食用或药用。

11. 上里禾谷

【**学名**】*Coix lacryma-jobi*

【**采集地**】广西百色市乐业县幼平乡上里村。

【**类型及分布**】属于野生资源，薏苡野生种，果壳黑色，小而坚硬，当地村民称为川谷、鬼禾等。现生长分布少，野生状态，成熟种子掉落后自然繁殖生长。

【**主要特征特性**】在南宁种植，出苗至抽穗 75 天，株高 244.6cm，茎粗 1.01cm，单株茎数 4.8 个，籽粒着生高度 143.8cm，果壳黑色，总苞卵圆形、珐琅质，籽粒长度 0.74cm、宽度 0.60cm，薏仁长度 0.41cm、宽度 0.43cm、棕色，百粒重 10.88g，百仁重 3.93g。当地农户认为该禾谷生长茂盛，熟色好，抗旱，抗病，耐涝，耐贫瘠。

【**利用价值**】可直接在生产上种植利用，在当地生长有 70 年以上，越年生，嫩茎叶可作为饲料，果壳可制作工艺品，如手镯、纽扣等，薏仁食用或药用。

12. 龙洋川谷

【学名】*Coix lacryma-jobi*

【采集地】广西百色市乐业县同乐镇龙洋村。

【类型及分布】属于薏苡地方品种，果壳黄白色，当地村民称为川谷、薏米等，因龙洋村种植历史悠久而称之为龙洋川谷。同乐镇各村有零星种植分布。

【主要特征特性】在南宁种植，出苗至抽穗 85 天，株高 225.0cm，茎粗 0.88cm，单株茎数 4.5 个，籽粒着生高度 108.2cm，果壳黄白色，总苞近圆形、甲壳质，籽粒长度 0.96cm、宽度 0.65cm，薏仁长度 0.49cm、宽度 0.50cm、浅黄色，百粒重 7.07g，百仁重 5.41g。当地农户认为该川谷生长茂盛，熟色好，抗旱，耐贫瘠，但易早衰，秕谷多。

【利用价值】目前直接在生产上种植利用，在当地种植有 50 年以上，一般 3 月播种，8 月收获。农户自行留种，自产自销。嫩茎叶可作为牲畜饲料，茎秆可作为造纸原料，薏仁煮粥、煲汤食用或药用。可作为薏苡育种亲本材料。

13. 野盘子

【学名】 *Coix lacryma-jobi*

【采集地】 广西百色市乐业县同乐镇六为村。

【类型及分布】 属于野生资源，薏苡野生种。现生长分布少。

【主要特征特性】 在南宁种植，出苗至抽穗 80 天，株高 188.5cm，茎粗 1.06cm，单株茎数 12.1 个，籽粒着生高度 86.3cm，果壳灰黑色，总苞卵圆形、珐琅质，籽粒长度 0.93cm、宽度 0.69cm，薏仁长度 0.48cm、宽度 0.47cm、褐色，百粒重 17.59g，百仁重

5.03g。当地农户认为野盘子生长茂盛，分蘖多，熟色好，抗旱，耐涝，耐贫瘠。

【利用价值】 可直接在生产上种植利用，在当地生长有 50 年以上，越年生，嫩茎叶可作为饲料，果壳可制作工艺品，如手镯、菜碟垫、纽扣等，薏仁食用或药用。可作为培育分蘖多、籽粒着生高度低的薏苡品种亲本。

14. 加牙薏米

【学名】*Coix lacryma-jobi*

【采集地】广西河池市巴马瑶族自治县那桃乡那桃村。

【类型及分布】属于野生资源，薏苡野生种。果壳黑色，小而坚硬，当地村民称为川谷、禾谷。那桃乡各村有零星生长分布。

【主要特征特性】在南宁种植，出苗至抽穗 118 天，株高 266.3cm，茎粗 1.04cm，单株茎数 6.3 个，籽粒着生高度 189.3cm，果壳黑色，总苞近圆形、珐琅质，籽粒长度 0.77cm、宽度 0.56cm，薏仁长度 0.46cm、宽度 0.44cm、红棕色，百粒重 11.79g，百仁重 4.86g。当地农户认为该薏米生长茂盛，优质，适应性广，抗旱，耐涝，耐贫瘠。

【利用价值】可直接在生产上种植利用，在当地生长有 70 年以上，越年生，嫩茎叶可作为牲畜饲料，当地女同胞利用果壳制作手镯、台垫等工艺品，薏仁食用或药用。

15. 民安薏米

【学名】*Coix lacryma-jobi*

【采集地】广西河池市巴马瑶族自治县那桃乡民安村。

【类型及分布】属于野生资源，薏苡野生种。民安河沿岸有零星生长分布，野生状态，成熟种子掉落后沿河水漂移自然繁殖。

【主要特征特性】在南宁种植，出苗至抽穗 110 天，株高 223.6cm，茎粗 0.93cm，单株茎数 7.2 个，籽粒着生高度 126.0cm，果壳黑色，总苞卵圆形、珐琅质，籽粒长度 0.76cm、宽度 0.57cm，薏仁长度 0.41cm、宽度 0.44cm、棕色，百粒重 9.03g，百仁重 3.95g。当地农户认为该薏米优质，适应性广，抗旱，抗叶枯病，耐涝，耐贫瘠。

【利用价值】可直接在生产上种植利用，在当地生长有 70 年以上，越年生，嫩茎叶可作为饲料，根、茎、叶煎水饮用有清凉解暑之功效，果壳可制作工艺品，如手镯、纽扣等，薏仁食用或药用。

16. 黄江薏米

【学名】*Coix lacryma-jobi*

【采集地】广西河池市南丹县罗富镇黄江村。

【类型及分布】属于野生资源，薏苡野生种。罗富镇各村有零星生长分布，野生状态，成熟种子掉落后自然繁殖生长。

【主要特征特性】在南宁种植，出苗至抽穗115天，株高174.7cm，茎粗0.76cm，单株茎数8.5个，籽粒着生高度108cm，果壳黑色，总苞卵圆形、珐琅质，籽粒长度0.76cm、宽度0.64cm，薏仁长度0.40cm、宽度0.45cm、棕色，百粒重11.78g，百仁重4.11g。当地农户认为该薏米优质，适应性广，抗旱，耐涝，耐贫瘠，但植株成熟期易早衰。

【利用价值】可直接在生产上种植利用，在当地生长有50年以上，越年生，秆叶可作为牲畜饲料及造纸原料，果壳可制作工艺品，如手镯、纽扣等，薏仁食用或药用、酿酒等。

GXB2018139

17. 龙江薏米

【学名】*Coix lacryma-jobi*

【采集地】广西桂林市永福县龙江乡龙山村。

【类型及分布】属于野生资源，薏苡野生种。在龙江乡龙江沿岸各村有零星生长分布，野生状态，成熟种子掉落后沿河水漂移自然生长繁殖。

【主要特征特性】在南宁种植，出苗至抽穗110天，株高165.3cm，茎粗1.08cm，单株茎数8.0个，籽粒着生高度89.3cm，果壳灰色，总苞近圆柱形、珐琅质，籽粒长度0.84cm、宽度0.54cm，薏仁长度0.49cm、宽度0.43cm、棕色，百粒重11.61g，百仁重4.40g。当地农户认为该薏米优质，适应性广，抗旱，耐贫瘠。

【利用价值】可直接在生产上种植利用，在当地生长有50年以上，越年生，秆叶可作为牲畜饲料及造纸原料，果壳可制作工艺品，薏仁食用或药用、酿酒等。

18. 车河薏米

【学名】*Coix lacryma-jobi*

【采集地】广西河池市南丹县车河镇车河村。

【类型及分布】属于野生资源，薏苡野生种。现车河镇车河沿岸有零星生长分布，野生状态。

【主要特征特性】在南宁种植，出苗至抽穗 113 天，株高 167.7cm，茎粗 1.09cm，单株茎数 11.5 个，籽粒着生高度 123.5cm，果壳灰白色，总苞卵圆形、珐琅质、籽粒长度 0.76cm、宽度 0.58cm，薏仁长度 0.44cm、宽度 0.45cm、棕色，百粒重 12.60g，百仁重 4.44g。当地农户认为该薏米分蘖多，生长茂盛，优质，适应性广，耐涝，耐贫瘠。

【利用价值】可直接在生产上种植利用，在当地生长有 50 年以上，越年生，秆叶可作为牲畜饲料及造纸原料，果壳可制作工艺品，如手镯、纽扣、台垫等，薏仁食用、酿酒或药用等。

GXB2018178

19. 上塘薏米

【学名】*Coix lacryma-jobi*

【采集地】广西桂林市兴安县崔家乡上塘村。

【类型及分布】属于野生资源，薏苡野生种，现崔家乡背里江沿岸有零星生长分布，野生状态，自然繁殖。

【主要特征特性】在南宁种植，出苗至抽穗 110 天，株高 153.2cm，茎粗 0.89cm，单株茎数 9.2 个，籽粒着生高度 73.5cm，果壳黑色，总苞卵圆形、珐琅质，籽粒长度 0.96cm、宽度 0.68cm，薏仁长度 0.49cm、宽度 0.51cm、红棕色，百粒重 19.79g，百仁重 6.46g。当地农户认为该薏米优质，适应性广，熟色好，抗黑穗病，耐涝。

【利用价值】可在生产上种植利用，在当地生长繁殖有 70 年以上，越年生，秆叶可作为牲畜青饲料及造纸原料，果壳可制作工艺品，如手镯、纽扣、台垫等，薏仁食用、酿酒或药用等，入药可健脾益胃、利尿，根可驱蛔虫。

20. 太平薏米

【学名】*Coix lacryma-jobi*

【采集地】广西桂林市全州县安和镇太平村。

【类型及分布】属于野生资源，薏苡野生种。现生长分布少。

【主要特征特性】在南宁种植，出苗至抽穗 95 天，株高 164.6cm，茎粗 0.81cm，单株茎数 8.0 个，籽粒着生高度 63.2cm，果壳黄色，总苞近圆形、珐琅质，籽粒长度 0.96cm、宽度 0.81cm，薏仁长度 0.53cm、宽度 0.57cm、红棕色，百粒重 27.53g，百仁重 6.54g。当地农户认为该薏米矮秆，优质，果粒大，熟色好，抗旱。

【利用价值】可在生产上种植利用，在当地生长繁殖有 30 年以上，越年生，秆叶可作为牲畜饲料及造纸原料，果壳可制作工艺品，薏仁食用、酿酒或药用等，入药可健脾益胃、利尿，还可作为薏苡育种亲本。

21. 六谷米

【学名】*Coix lacryma-jobi*

【采集地】广西桂林市全州县大西江镇锦塘村。

【类型及分布】属于野生资源，薏苡野生种。现生长分布少。

【主要特征特性】在南宁种植，出苗至抽穗 85 天，株高 170.2cm，茎粗 0.82cm，单株茎数 7.7 个，籽粒着生高度 67.6cm，果壳灰色，总苞近圆柱形，珐琅质，籽粒长度 0.90cm、宽度 0.61cm，薏仁长度 0.48cm、宽度 0.47cm、红棕色，百粒重 14.52g，百仁重 5.14g。当地农户认为该薏米优质，适应性广，熟色好，抗黑穗病，抗旱，耐贫瘠，但生长后期植株易倒伏。

【利用价值】可直接在生产上种植利用，在当地生长繁殖有 50 年以上，越年生，秆叶可作为牲畜饲料及造纸原料，果壳可制作工艺品，如手镯、纽扣、垫片等，薏仁食用、酿酒或药用等，入药可健脾益胃、利尿，根可驱蛔虫。

22. 王家薏苡

【学名】*Coix lacryma-jobi*

【采集地】广西桂林市全州县大西江镇锦塘村。

【类型及分布】属于地方品种，现种植分布少。

【主要特征特性】在南宁种植，出苗至抽穗103天，株高226.5cm，茎粗1.08cm，单株茎数6.0个，籽粒着生高度161.5cm，果壳黑色，总苞近圆柱形、甲壳质，籽粒长度0.81cm、宽度0.63cm，薏苡长度0.54cm、宽度0.52cm、棕色，百粒重10.08g，百仁重6.72g。当地农户认为该薏苡优质，适应性广，熟色好，易剥壳取仁，抗黑穗病，抗旱，耐贫瘠。

【利用价值】目前直接应用于生产，在当地已种植30年以上，一般4月播种，11月收获。农户自行留种，自产自销。秆叶可作为牲畜饲料及造纸原料，薏仁煮粥、煲汤食用或酿酒、药用等，入药可健脾益胃、利尿。可作为薏苡育种的亲本。

23. 地灵薏苡

【**学名**】*Coix lacryma-jobi*

【**采集地**】广西桂林市龙胜各族自治县乐江镇地灵村。

【**类型及分布**】属于野生资源，薏苡野生种。现乐江镇地灵河沿岸有零星生长分布，野生状态，成熟种子掉落后沿河岸自然生长繁殖。

【**主要特征特性**】在南宁种植，出苗至抽穗 95 天，株高 208.4cm，茎粗 1.01cm，单株茎数 6.3 个，籽粒着生高度 97.2cm，果壳灰色，总苞卵圆形、珐琅质，籽粒长度 0.78cm、

宽度 0.60cm，薏仁长度 0.41cm、宽度 0.45cm、红棕色，百粒重 14.01g，百仁重 4.17g。当地农户认为该薏苡优质，适应性广，熟色好，抗黑穗病，抗旱，耐贫瘠。

【**利用价值**】可直接在生产上种植利用，在当地生长繁殖有 50 年以上，越年生，秆叶可作为牲畜饲料及造纸原料，果壳可制作工艺品，如手镯、纽扣、垫片等，薏仁食用或酿酒、药用等。

24. 高岩薏苡

【学名】*Coix lacryma-jobi*

【采集地】广西柳州市三江侗族自治县富禄苗族乡高岩村。

【类型及分布】属于野生资源，薏苡野生种，成熟种子掉落后自然生长繁殖。现生长分布少。

【主要特征特性】在南宁种植，出苗至抽穗97天，株高223.2cm，茎粗0.87cm，单株茎数6.8个，籽粒着生高度88.3cm，果壳灰色，总苞近圆形、珐琅质，籽粒长度0.75cm、宽度0.66cm，薏仁长度0.42cm、宽度0.49cm、红棕色，百粒重13.46g，百仁重4.95g。当地农户认为该薏苡优质，适应性广，抗旱，耐贫瘠，但植株易倒伏。

【利用价值】可直接在生产上种植利用，在当地生长繁殖有50年以上，越年生，秆叶可作为牲畜饲料及造纸原料，果壳可制作工艺品，如手镯、纽扣、垫片等，薏仁食用、酿酒或药用等。

GXB2018255

25. 高秀薏苡

【学名】*Coix lacryma-jobi*

【采集地】广西柳州市三江侗族自治县林溪镇高秀村。

【类型及分布】属于野生资源，薏苡野生种，成熟种子掉落后自然生长繁殖。林溪镇各村有零星生长分布。

【主要特征特性】在南宁种植，出苗至抽穗95天，株高175.3cm，茎粗0.92cm，单株茎数7.8个，籽粒着生高度70.2cm，果壳灰白色，总苞卵圆形、珐琅质，籽粒长度0.98cm、宽度0.73cm，薏仁长度0.48cm、宽度0.58cm、红色，百粒重25.08g，百仁重7.50g。当地农户认为该薏苡大粒，优质，适应性广，抗旱，耐贫瘠。

【利用价值】可直接在生产上种植利用，在当地生长繁殖有70年以上，越年生，秆叶可作为牲畜饲料及造纸原料，果壳可制作工艺品，如手镯、纽扣、垫片等，薏仁可煮粥、煲汤食用或药用、酿酒等，入药可健脾益胃、利尿，美容养颜，根可驱蛔虫。可作为培育大粒品种的亲本。

26. 高基薏苡

【学名】*Coix lacryma-jobi*

【采集地】广西柳州市三江侗族自治县高基瑶族乡江口村。

【类型及分布】属于野生资源，薏苡野生种。现高基瑶族乡江口村斗江河沿岸有零星生长分布。野生状态，成熟种子掉落后随河水自然漂移生长繁殖。

【主要特征特性】在南宁种植，出苗至抽穗115天，株高195.3cm，茎粗0.94cm，单株茎数8.5个，籽粒着生高度94.5cm，果壳灰白色，总苞卵圆形、珐琅质，籽粒长度0.81cm、宽度0.61cm，薏仁长度0.41cm、宽度0.46cm、棕色，百粒重13.46g，百仁重3.76g。当地农户认为该薏苡优质，熟色好，抗白叶枯病，抗寒，耐涝。

【利用价值】可直接在生产上种植利用，在当地生长繁殖有70年以上，越年生，秆叶可作为牲畜饲料及造纸原料，果壳可制作工艺品，薏仁可煮粥、煲汤食用或酿酒、药用等，可在鱼塘浅水区种植护堤或净化水体。

GXB2018267

27. 门楼薏苡

【学名】*Coix lacryma-jobi*

【采集地】广西柳州市融安县板榄镇门楼村。

【类型及分布】属于野生资源，薏苡野生种。现生长分布少。

【主要特征特性】在南宁种植，出苗至抽穗 115 天，株高 192.4cm，茎粗 1.01cm，单株茎数 9.0 个，籽粒着生高度 102.4cm，果壳白色，总苞卵圆形、珐琅质，籽粒长度 0.80cm、宽度 0.61cm，薏仁长度 0.46cm、宽度 0.48cm、红色，百粒重 14.02g，百仁重 4.95g。当地农户认为该薏苡优质，熟色好，抗白叶枯病，抗寒，耐涝。

【利用价值】可直接在生产上种植利用，在当地生长繁殖有 70 年以上，越年生，秆叶可作为牲畜饲料及造纸原料，果壳可制作工艺品，薏仁可煮粥、煲汤食用或酿酒、药用等。

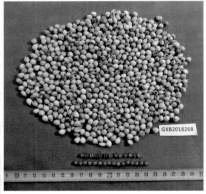

28. 东岭薏苡

【学名】*Coix lacryma-jobi*

【采集地】广西柳州市融安县板榄镇东岭村。

【类型及分布】属于野生资源，薏苡野生种，成熟种子掉落后自然生长繁殖。现生长分布少。

【主要特征特性】在南宁种植，出苗至抽穗 112 天，株高 205.6cm，茎粗 1.01cm，单株茎数 10.0 个，籽粒着生高度 124.8cm，果壳灰色，总苞卵圆形、珐琅质，籽粒长度 0.78cm、宽度 0.59cm，薏仁长度 0.38cm、宽度 0.45cm、红棕色，百粒重 12.06g，百仁重 3.85g。当地农户认为该薏苡优质，熟色好，抗白叶枯病，抗寒，耐涝。

【利用价值】可直接在生产上种植利用，在当地生长繁殖有 50 年以上，越年生，秆叶可作为牲畜饲料及造纸原料，果壳可制作工艺品，薏仁可煮粥、煲汤食用或酿酒、药用等，暑天用叶煎水饮用可暖胃益气血、清凉解暑。

29. 古洞薏苡

【**学名**】*Coix lacryma-jobi*

【**采集地**】广西柳州市融安县板榄镇木吉村。

【**类型及分布**】属于野生资源，薏苡野生种，成熟种子掉落后自然生长繁殖。现生长分布少。

【**主要特征特性**】在南宁种植，出苗至抽穗 115 天，株高 172.3cm，茎粗 0.87cm，单株茎数 8.0 个，籽粒着生高度 91.3cm，果壳灰白色，总苞椭圆形、珐琅质，籽粒长度 0.79cm、宽度 0.62cm，薏仁长度 0.42cm、宽度 0.42cm、红色，百粒重 11.63g，百仁重 3.52g。当地农户认为该薏苡优质，熟色好，抗黑穗病，耐涝，但籽粒小。

【**利用价值**】可直接在生产上种植利用，在当地生长繁殖有 50 年以上，越年生，秆叶可作为牲畜饲料，果壳可制作工艺品，薏仁可食用、酿酒或药用等。

30. 近潭薏苡

【**学名**】*Coix lacryma-jobi*

【**采集地**】广西柳州市柳城县太平镇近潭村。

【**类型及分布**】属于野生资源,薏苡野生种。太平镇近潭村中回河沿岸有零星分布。

【**主要特征特性**】在南宁种植,出苗至抽穗 75 天,株高 134.3cm,茎粗 0.76cm,单株茎数 8.0 个,籽粒着生高度 62.1cm,果壳黑色,总苞卵圆形、珐琅质,籽粒长度 0.86cm、宽度 0.72cm,薏仁长度 0.49cm、宽度 0.55cm、棕色,百粒重 18.98g,百仁重 7.09g。当地农户认为该薏苡野生、矮秆、优质、耐涝、耐贫瘠。

【**利用价值**】可直接在生产上种植利用,在当地野生生长有 70 年以上,越年生,秆叶可作为牲畜饲料,果壳可制作工艺品,如手镯、纽扣、垫片等,薏仁可煮粥、煲汤食用或酿酒、药用等。可作为培育薏苡矮秆早熟新品种的亲本。

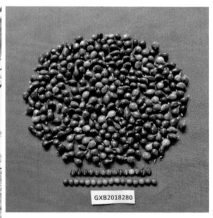

31. 那哈薏米

【**学名**】*Coix lacryma-jobi*

【**采集地**】广西百色市西林县古障镇那哈村。

【**类型及分布**】属于地方品种，现古障镇各村有零星种植分布。

【**主要特征特性**】在南宁种植，出苗至抽穗 68 天，株高 161.3cm，茎粗 0.63cm，单株茎数 6.8 个，籽粒着生高度 97.3cm，果壳黄色，总苞卵圆形、甲壳质，籽粒长度 0.90cm、宽度 0.69cm，薏仁长度 0.56cm、宽度 0.57cm、棕色，百粒重 10.79g，百仁重 8.73g。当地农户认为该薏米结果多、优质，抗白叶枯病，抗旱，耐贫瘠。

【**利用价值**】目前直接应用于生产，在当地种植有 50 年以上，一般 3 月播种，8 月收获。农户自行留种，自产自销。秆叶可作为牲畜饲料，薏仁可食用、酿酒或药用等。可作为薏苡育种亲本。

32. 那佐五谷

【**学名**】*Coix lacryma-jobi*

【**采集地**】广西百色市西林县那佐苗族乡那佐村。

【**类型及分布**】属于地方品种，现那佐苗族乡各村有零星种植分布。

【**主要特征特性**】在南宁种植，出苗至抽穗60天，株高170.2cm，茎粗0.64cm，单株茎数7.2个，籽粒着生高度103.2cm，果壳黄色，总苞卵圆形、甲壳质，籽粒长度0.89cm、宽度0.66cm，薏仁长度0.55cm、宽度0.56cm、棕色，百粒重10.23g，百仁重8.68g。当地农户认为该薏苡结果多，优质，抗白叶枯病，抗旱，耐贫瘠，但易倒伏。

【**利用价值**】目前直接应用于生产，在当地种植有50年以上，一般3～4月播种，播前用60℃温水浸泡种子5～7min，取出冷却后即播种，出苗快，可预防薏苡黑粉病，8～9月收获。农户自行留种，自产自销。秆叶可作为牲畜青饲料，薏仁可食用、酿酒或药用等。可作为薏苡育种亲本。

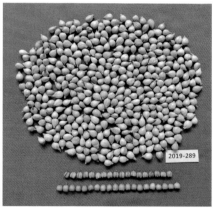

33. 百旺川谷

【**学名**】*Coix lacryma-jobi*

【**采集地**】广西河池市都安瑶族自治县百旺镇庭律村。

【**类型及分布**】属于野生资源，薏苡野生种。现生长分布少。

【**主要特征特性**】在南宁种植，出苗至抽穗 130 天，株高 263.5cm，茎粗 1.43cm，单株茎数 8.5 个，籽粒着生高度 143.6cm，果壳灰色，总苞近圆形、珐琅质，籽粒长度 0.88cm、宽度 0.84cm，薏仁长度 0.47cm、宽度 0.64cm、红色，百粒重 29.25g，百仁重 10.92g。当地农户认为该川谷适应性广，茎秆粗壮，叶大，分蘖多，籽粒较大，优质，抗白叶枯病，抗旱，耐贫瘠。

【**利用价值**】可直接在生产上种植利用，在当地生长有 70 年以上，越年生，秆叶可作为牧草青饲料或造纸原料，果壳可制作工艺品，如手镯、纽扣、台垫等，薏仁可食用或药用。可用作薏苡育种亲本。

第六章
广西籽粒苋种质资源

1. 三皇绿苋

【学名】*Amaranthus hybridus*（广西科学院广西植物研究所，1991）

【采集地】广西桂林市灌阳县水车镇三皇村。

【类型及分布】属于籽粒苋地方品种，因穗的颜色为绿色而得名。水车镇各村有零星种植分布。

【主要特征特性】在南宁种植，出苗至开花 70 天，株高 243.8cm，茎粗 1.59cm，有效分枝数 14.0 个，花序长 65.9cm，单穗粒重 6.2g，千粒重 0.36g，籽粒扁平形，黑色。每1000g 籽粒含微量元素硒 0.018mg，每 100g 籽粒含蛋白质 13.3g、脂肪 6.1g、淀粉 39.1g。当地农户认为该品种适应性广，植株高大，再生能力强，籽粒品质好，抗叶枯病，耐贫瘠。

【利用价值】目前直接应用于生产，在当地已种植 30 年，一般 3 月种植，9 月收获。农户自行留种。茎叶可作为饲料，嫩茎叶可作为蔬菜，籽粒可做煎饼或制作成保健食品。

2. 宅首野苋

【学名】*Amaranthus hybridus*

【采集地】广西桂林市灌阳县文市镇同仁村。

【类型及分布】属于野生资源，绿穗苋野生种。现生长分布少。

【主要特征特性】在南宁种植，出苗至开花85天，株高202.3cm，茎粗1.92cm，有效分枝数16.4个，花序长75.3cm，单穗粒重5.8g，千粒重0.25g，籽粒扁平形，黑色。每1000g籽粒含微量元素硒0.002mg，每100g籽粒含蛋白质12.4g、脂肪5.3g、淀粉38.4g。当地农户认为该品种植株高大，分枝多，穗上有刺，适应性广，籽粒品质好，抗青枯病，抗旱，耐贫瘠。

【利用价值】可直接在生产上种植利用，植株可作为牲畜饲料，嫩茎叶可做菜用，根、茎、叶入药有凉血功效，籽粒可食用或药用。可作为籽粒苋育种亲本。

3. 五柳绿苋

【**学名**】*Amaranthus hybridus*

【**采集地**】广西百色市平果市同老乡五柳村。

【**类型及分布**】属于籽粒苋地方品种。同老乡各村有零星种植分布。

【**主要特征特性**】在南宁种植，出苗至开花 70 天，株高 258.8cm，茎粗 1.65cm，有效分枝数 13.9 个，花序长 54.9cm，单穗粒重 3.2g，千粒重 0.31g，籽粒扁平形，黑色。每 1000g 籽粒含微量元素硒 0.026mg，每 100g 籽粒含蛋白质 13.0g、脂肪 6.1g、淀粉 42.7g。当地农户认为该品种适应性广，植株高大，再生能力强，抗旱，抗虫，抗病，耐贫瘠。

【**利用价值**】目前在生产上直接种植利用，在当地已种植 50 年以上，一般 3 月播种，8 月收获。农户自行留种。茎秆可作为饲料，嫩茎叶可作为蔬菜，籽粒可做食品。

2018-311

4. 百合绿苋

【学名】*Amaranthus hybridus*

【采集地】广西百色市那坡县百合乡百合村。

【类型及分布】属于籽粒苋地方品种。百合乡各村有零星种植分布。

【主要特征特性】在南宁种植，出苗至开花 51 天，株高 178.8cm，茎粗 1.11cm，有效分枝数 8.6 个，花序长 81.0cm，单穗粒重 6.9g，千粒重 0.30g，籽粒扁圆形、黑色。每 1000g 籽粒含微量元素硒 0.043mg，每 100g 籽粒含蛋白质 13.4g、脂肪 6.6g、淀粉 38.8g。当地农户认为该品种适应性广、再生能力强、早熟、抗旱、耐贫瘠。

【利用价值】目前直接在生产上种植利用，在当地已种植 50 年以上，一般 3 月播种，9 月收获。农户自行留种，自家食用。茎秆、叶可作为饲料喂猪，嫩茎叶可作为蔬菜食用，籽粒可做煎饼食用。

5. 扶赖绿苋

【学名】*Amaranthus hybridus*

【采集地】广西百色市靖西市魁圩乡扶赖村。

【类型及分布】属于籽粒苋地方品种。魁圩乡各村有零星种植分布。

【主要特征特性】在南宁种植，出苗至开花 53 天，株高 170.1cm，茎粗 1.1cm，有效分枝数 8.5 个，花序长 70.6cm，单穗粒重 4.5g，千粒重 0.35g，籽粒扁圆形，黑色。每 1000g 籽粒含微量元素硒 0.066mg，每 100g 籽粒含蛋白质 13.4g、脂肪 6.5g、淀粉 39.2g。扶赖绿苋适应性广，早熟，再生能力强，抗旱，抗虫，抗病，耐贫瘠，耐寒。

【利用价值】目前直接在生产上种植利用，在当地已种植 20 年以上，一般 3～10 月均可种植，农户自行留种。嫩茎叶可作为蔬菜食用或作猪、羊、兔、鹅饲料等，籽粒可制作糕点或保健食品。

6. 多美绿苋

【学名】_Amaranthus hybridus_

【采集地】广西百色市德保县巴头乡多美村。

【类型及分布】属于籽粒苋地方品种。巴头乡各村有零星种植分布。

【主要特征特性】在南宁种植，出苗至开花 51 天，株高 196.5cm，茎粗 1.2cm，有效分枝数 14.0 个，花序长 74.4cm，单穗粒重 7.8g，千粒重 0.31g，籽粒扁圆形，黑色。每1000g 籽粒含微量元素硒 0.031mg，每 100g 籽粒含蛋白质 12.8g、脂肪 6.4g、淀粉 34.4g。当地农户认为该品种适应性广，早熟，再生能力强，抗旱，抗虫，抗病，耐贫瘠。

【利用价值】目前直接在生产上种植利用，在当地已种植 50 年以上，一般 3 月播种，10 月收获。农户自行留种。茎秆、叶可作为饲料，嫩茎叶可作为蔬菜食用，叶煮汤食用可解暑、醒酒，籽粒可制作糕点或保健食品。

7. 大寨绿苋

【学名】*Amaranthus hybridus*

【采集地】广西百色市隆林各族自治县沙梨乡沙梨村。

【类型及分布】属于籽粒苋地方品种。现种植分布少。

【主要特征特性】在南宁种植，出苗至开花 51 天，株高 175.7cm，茎粗 1.12cm，有效分枝数 11.0 个，花序长 58.4cm，单穗粒重 7.9g，千粒重 0.32g，籽粒扁平形，黑色。每 1000g 籽粒含微量元素硒 0.029mg，每 100g 籽粒含蛋白质 13.6g、脂肪 6.1g、淀粉 39.8g。大寨绿苋适应性广，早熟，再生能力强，抗旱，耐贫瘠。

【利用价值】目前直接应用于生产，在当地已种植 30 年以上，3～10 月均可种植，农户自行留种。茎秆、叶可作为猪饲料，嫩茎叶可作为蔬菜，籽粒可做糍粑食用。可作为籽粒苋育种亲本。

8. 红渡绿苋

【学名】*Amaranthus hybridus*

【采集地】广西来宾市忻城县红渡镇红渡社区。

【类型及分布】属于籽粒苋地方品种。现种植分布少。

【主要特征特性】在南宁种植，出苗至开花52天，株高192.3cm，茎粗0.99cm，有效分枝数9.6个，花序长58.6cm，单穗粒重6.7g，千粒重0.31g，籽粒扁圆形、黑色。每1000g籽粒含微量元素硒0.068mg，每100g籽粒含蛋白质12.4g、脂肪6.8g、淀粉40.9g。红渡绿苋植株高大，适应性广，早熟，再生能力强，抗旱，耐贫瘠。

【利用价值】目前直接应用于生产，在当地已种植50年以上，3～10月种植，农户自行留种，自产自销。主要作菜用、粒用、饲用或药用等。

9. 德天绿苋

【学名】*Amaranthus hybridus*

【采集地】广西崇左市大新县桃城镇宝新村。

【类型及分布】属于籽粒苋地方品种。现种植分布少。

【主要特征特性】在南宁种植，出苗至开花452天，株高186.4cm，茎粗1.2cm，有效分枝数9.4个，花序长65.4cm，单穗粒重7.3g，千粒重0.35g，籽粒扁圆形，黑色。每1000g籽粒含微量元素硒0.112mg，每100g籽粒含蛋白质13.1g、脂肪5.9g、淀粉41.1g。德天绿苋适应性广，早熟，再生能力强，优质，硒含量高，抗旱，抗病，耐贫瘠。

【利用价值】目前直接应用于生产，在当地已种植50年以上，一般3～10月种植，农户自行留种。茎叶多用作喂猪、兔、鹅的饲料，嫩茎叶可作为蔬菜炒食或做汤饮用，籽粒可加工成富硒保健产品。可作为培育籽粒苋富硒新品种的亲本。

10. 江底绿苋

【**学名**】*Amaranthus hybridus*

【**采集地**】广西桂林市龙胜各族自治县江底乡江底村。

【**类型及分布**】属于籽粒苋地方品种。现种植分布少。

【**主要特征特性**】在南宁种植，出苗至开花54天，株高172.7cm，茎粗1.2cm，有效分枝数8.4个，花序长53.8cm，单穗粒重4.3g，千粒重0.29g，籽粒扁平形，黑色。每1000g籽粒含微量元素硒0.086mg，每100g籽粒含蛋白质13.6g、脂肪7.1g、淀粉35.3g。当地农户认为该品种适应性广，早熟，再生能力强，抗旱，耐贫瘠。

【**利用价值**】目前直接应用于生产，在当地已种植50年以上，4~9月种植，农户自行留种，自产自销。作菜用、粒用、饲用或药用等。籽粒可加工成富硒保健产品。可作为籽粒苋育种亲本。

11. 弄谷绿苋

【学名】*Amaranthus hybridus*

【采集地】广西百色市凌云县沙里瑶族乡弄谷村。

【类型及分布】属于籽粒苋地方品种。现种植分布少。

【主要特征特性】在南宁种植，出苗至开花 55 天，株高 182.2cm，茎粗 1.11cm，有效分枝数 21.0 个，花序长 90.7cm，单穗粒重 10.3g，千粒重 0.91g，籽粒扁球形，紫红色。每 1000g 籽粒含微量元素硒 0.078mg，每 100g 籽粒含蛋白质 14.9g、脂肪 4.1g、淀粉 48.1g。当地农户认为该品种适应性广，早熟，再生能力强，抗旱，耐贫瘠。

【利用价值】目前直接应用于生产，特别适合在干旱的大石山区种植，在当地已种植 50 年以上，3～10 月种植。农户自行留种。主要作为蔬菜食用或猪饲料等，籽粒可做糍粑、煎饼食用。可作为籽粒苋育种亲本。

12. 坡茶绿苋

【学名】*Amaranthus hybridus*

【采集地】广西河池市凤山县金牙瑶族乡坡茶村。

【类型及分布】属于籽粒苋地方品种。金牙瑶族乡各村有零星种植分布。

【主要特征特性】在南宁种植，出苗至开花 60 天，株高 183.2cm，茎粗 1.02cm，有效分枝数 17.6 个，花序长 97.8cm，单穗粒重 7.3g，千粒重 0.94g，籽粒扁球形，紫红色。每 1000g 籽粒含微量元素硒 0.107mg，每 100g 籽粒含蛋白质 14.7g、脂肪 3.9g、淀粉 39.3g。坡茶绿苋适应性广，再生能力强，抗旱，耐寒，耐贫瘠，微量元素硒含量高。

【利用价值】目前直接应用于生产，在当地已种植 70 年以上，特别适宜在高寒山区种植。一般 3～9 月种植，农户自行留种。茎叶可刈割多次用作喂猪饲料，嫩茎叶可作为蔬菜食用，籽粒可加工成富硒长寿食品。可作为培育籽粒苋富硒品种的亲本。

13. 弄美绿苋

【学名】*Amaranthus hybridus*

【采集地】广西河池市巴马瑶族自治县西山乡干长村。

【类型及分布】属于籽粒苋地方品种。西山乡各村有零星种植分布。

【主要特征特性】在南宁种植，出苗至开花 68 天，株高 179.7cm，茎粗 0.96cm，有效分枝数 14.0 个，花序长 72.0cm，单穗粒重 5.7g，千粒重 0.88g，籽粒扁球形，黑色。每 1000g 籽粒含微量元素硒 0.067mg，每 100g 籽粒含蛋白质 14.3g、脂肪 4.5g、淀粉 37.6g。当地农户认为该品种适应性广，晚熟，再生能力强，抗旱，耐贫瘠。

【利用价值】目前直接应用于生产，在当地已种植 50 年以上，一般 3 月播种，9 月收获。农户自行留种。主要作蔬菜食用或作猪饲料，籽粒可做煎饼面料或煮粥食用。

14. 龙合苋菜

【学名】 *Amaranthus hybridus*

【采集地】 广西百色市那坡县龙合镇龙合村。

【类型及分布】 属于籽粒苋地方品种。龙合镇各村有零星种植分布。

【主要特征特性】 在南宁种植，出苗至开花60天，株高168cm，茎粗1.04cm，有效分枝数14.0个，花序长73.2cm，单穗粒重5.6g，千粒重0.60g，籽粒扁平形，紫红色。每1000g籽粒含微量元素硒0.025mg，每100g籽粒含蛋白质16.7g、脂肪4.6g、淀粉40.9g。龙合苋菜适应性广，熟色好，再生能力强，抗旱，耐寒，籽粒蛋白质含量高。

【利用价值】 目前直接应用于生产，在当地已种植50年以上，一般3月播种，8月收获。农户自行留种。是当地高海拔石山区主要食用蔬菜，茎叶可作为喂猪饲料，籽粒可煮粥、做糍粑或煎饼食用，可加工成蛋白质粉添加剂。可作为籽粒苋育种亲本。

15. 德峨绿穗苋

【学名】*Amaranthus hybridus*

【采集地】广西百色市隆林各族自治县德峨镇保上村。

【类型及分布】属于籽粒苋地方品种。德峨镇各村有零星种植分布。

【主要特征特性】在南宁种植，出苗至开花60天，株高168.9cm，茎粗1.15cm，有效分枝数12.3个，花序长68.4cm，单穗粒重7.6g，千粒重0.84g，籽粒扁球形，紫红色。每1000g籽粒含微量元素硒0.031mg，每100g籽粒含蛋白质15.8g、脂肪4.0g、淀粉43.1g。当地农户认为该品种适应性广，熟色好，再生能力强，抗旱，耐贫瘠，耐寒，籽粒质优。

【利用价值】目前直接应用于生产，在当地已种植50年以上，一般3~10月种植。农户自行留种。主要用作蔬菜食用和牲畜饲料，籽粒可做煎饼或煮粥食用等，也可加工成籽粒苋蛋白质粉添加剂。

16. 寿源绿苋菜

【**学名**】*Amaranthus hybridus*

【**采集地**】广西河池市凤山县三门海镇坡心村。

【**类型及分布**】属于籽粒苋地方品种。三门海镇各村有零星种植分布。坡心村为坡心河的发源地，因百岁老人比例较高而又称为长寿之源即"寿源"，在社更屯建有寿源小镇，因绿苋菜在当地种植和食用较普遍，故称寿源绿苋菜。

【**主要特征特性**】在南宁种植，出苗至开花48天，株高208.2cm，茎粗1.23cm，有效分枝数8.6个，花序长59.8cm，单穗粒重8.1g，千粒重0.31g，籽粒扁平形，黑色。每1000g籽粒含微量元素硒0.053mg，每100g籽粒含蛋白质13.1g、脂肪4.1g、淀粉35.3g。当地农户认为该品种适应性广，植株高大，再生能力强，抗旱，耐贫瘠，耐寒，是当地的长寿菜。

【**利用价值**】目前直接应用于生产，在当地已种植50年以上，一般3～10月种植。农户自行留种。是当地的主要食用蔬菜，常食有解酒消暑、延年益寿之功效，茎叶可刈割多次用作喂猪、羊的青饲料，籽粒可煮粥、做糍粑、做煎饼等。

17. 怀群苋菜

【学名】*Amaranthus hybridus*

【采集地】广西河池市罗城仫佬族自治县怀群镇怀群社区。

【类型及分布】属于籽粒苋地方品种。怀群镇各村有零星种植分布。

【主要特征特性】在南宁种植，出苗至开花48天，株高168.1cm，茎粗1.02cm，有效分枝数7.6个，花序长54.9cm，单穗粒重5.4g，千粒重0.37g，籽粒扁圆形，黑色。每1000g籽粒含微量元素硒0.043mg，每100g籽粒含蛋白质13.1g、脂肪5.9g、淀粉39.4g。怀群苋菜适应性广，早熟，再生能力强，抗旱，耐贫瘠。

【利用价值】目前直接应用于生产，在当地已种植50年以上，一般3～10月种植。农户自行留种。主要作蔬菜食用或猪饲料等，籽粒可做糍粑、煎饼食用或制作食用天然色素等。

18. 保安绿苋菜

【学名】*Amaranthus hybridus*

【采集地】广西河池市都安瑶族自治县保安乡保安村。

【类型及分布】属于籽粒苋地方品种。保安乡各村有零星种植分布。

【主要特征特性】在南宁种植，出苗至开花48天，株高175cm，茎粗1.1cm，有效分枝数7.8个，花序长55.4cm，单穗粒重5.5g，千粒重0.32g，籽粒扁圆形，黑色。每1000g籽粒含微量元素硒0.050mg，每100g籽粒含蛋白质13.5g、脂肪5.5g、淀粉38.2g。当地农户认为该品种适应性广，再生能力强，抗旱，耐贫瘠，耐寒。

【利用价值】现直接应用于生产，在当地已种植70年以上，一般3～10月种植。农户自行留种。是当地的主要食用蔬菜或猪饲料，根、茎煮水喝有清热解暑之功效，籽粒可做煎饼或煮粥食用。

19. 马头苋菜

【**学名**】*Amaranthus paniculatus*

【**采集地**】广西桂林市灌阳县灌阳镇马头村。

【**类型及分布**】属于籽粒苋地方品种。灌阳镇各村有零星种植分布。

【**主要特征特性**】在南宁种植，出苗至开花 75 天，株高 189.2cm，茎粗 1.43cm，有效分枝数 10.3 个，花序长 72.3cm，单穗粒重 5.3g，千粒重 0.66g，籽粒扁平形，黑色。每 1000g 籽粒含微量元素硒 0.014mg，每 100g 籽粒含蛋白质 16.3g、脂肪 4.8g、淀粉 39.5g。当地农户认为该品种适应性广，植株高大，再生能力强，籽粒品质好，蛋白质含量高，抗叶斑病，耐贫瘠。

【**利用价值**】目前直接在生产上种植利用，在当地已种植 20 年以上，一般 4 月播种，9 月收获。农户自行留种，自产自销。可菜用、粒用、饲用等。茎秆可作为饲料，嫩茎叶可作为蔬菜食用，籽粒可做煎饼或制作成保健食品。

2018-308

20. 九民红米菜

【学名】*Amaranthus paniculatus*

【采集地】广西百色市凌云县伶站瑶族乡九民村。

【类型及分布】属于籽粒苋地方品种，因花序和籽粒的颜色为紫红色而得名。伶站瑶族乡各村有零星种植分布。

【主要特征特性】在南宁种植，出苗至开花128天，株高239.9cm，茎粗1.89cm，有效分枝数9.7个，花序长58.7cm，单穗粒重9.2g，千粒重0.79g，籽粒扁球形、紫红色。每1000g籽粒含微量元素硒0.031mg，每100g籽粒含蛋白质16.2g、脂肪5.0g、淀粉41.5g。当地农户认为该品种适应性广，植株高大，再生能力强，籽粒品质好，蛋白质含量高，耐贫瘠。

【利用价值】目前直接在生产上种植利用，在当地已种植30年以上，一般6月播种，11月收获。农户自行留种，自产自销。茎秆可作为饲料，嫩茎叶可作为蔬菜食用，籽粒可做煎饼或制作成保健食品、食用染料等。

21. 五柳红苋菜

【**学名**】*Amaranthus paniculatus*

【**采集地**】广西百色市平果市同老乡五柳村。

【**类型及分布**】属于籽粒苋地方品种。现种植分布少。

【**主要特征特性**】在南宁种植，出苗至开花 67 天，株高 180.4cm，茎粗 1.2cm，有效分枝数 11.2 个，花序长 80.6cm，单穗粒重 6.3g，千粒重 0.58g，花序粉红色，籽粒扁球形，黑色。每 1000g 籽粒含微量元素硒 0.038mg，每 100g 籽粒含蛋白质 14.8g、脂肪 5.9g、淀粉 41.0g。当地农户认为该品种适应性广，再生能力强，优质，抗旱，抗虫，抗病，耐贫瘠，但植株易倒伏。

【**利用价值**】目前在生产上直接种植利用，在当地已种植 50 年以上，一般 3 月播种，8 月收获。农户自行留种，自产自销。作蔬菜用、粒用或制作食用红色素或蛋白质粉添加剂等。可作为籽粒苋育种的亲本。

22. 龙南白籽苋

【学名】*Amaranthus paniculatus*

【采集地】广西百色市乐业县逻沙乡龙南村。

【类型及分布】属于籽粒苋地方品种，因籽粒为白色而得名。现逻沙乡各村有零星种植分布。

【主要特征特性】在南宁种植，出苗至开花 63 天，株高 139.1cm，茎粗 1.08cm，有效分枝数 12.0 个，花序长 71.8cm，单穗粒重 6.5g，千粒重 0.82g，籽粒扁球形，白色。每 1000g 籽粒含微量元素硒 0.052mg，每 100g 籽粒含蛋白质 15.1g、脂肪 4.2g、淀粉 43.4g。该品种适应性广，再生能力强，蛋白质、淀粉含量高，抗旱，抗蚜虫，耐贫瘠。

【利用价值】目前直接应用于生产，在当地已种植 50 年以上，分春播和秋播种植。农户自行留种，自产自销。可作为蔬菜用、粒用或饲用等，籽粒可制作蛋白质粉添加剂。可作为观赏植物种植。

23. 逻瓦红米菜

【**学名**】*Amaranthus paniculatus*

【**采集地**】广西百色市乐业县逻沙乡逻瓦村。

【**类型及分布**】属于籽粒苋地方品种。逻沙乡各村有零星种植分布。

【**主要特征特性**】在南宁种植，出苗至开花 60 天，株高 134.6cm，茎粗 0.99cm，有效分枝数 13.2 个，花序长 69.3cm，单穗粒重 5.9g，千粒重 0.80g，籽粒扁球形，红褐色。每 1000g 籽粒含微量元素硒 0.063mg，每 100g 籽粒含蛋白质 15.0g、脂肪 3.8g、淀粉 45.8g。逻瓦红米菜适应性广，早熟，再生能力强，蛋白质、淀粉含量高，抗旱，抗叶斑病，耐贫瘠。

【**利用价值**】目前在生产上直接种植利用，在当地已种植 50 年以上。茎秆可作为饲料，嫩茎叶可作为蔬菜，籽粒可制作糕点或保健食品，也可制作食用染料。可作为籽粒苋育种的亲本。

24. 秀凤红苋

【学名】*Amaranthus paniculatus*

【采集地】广西桂林市灌阳县灌阳镇秀凤村。

【类型及分布】属于籽粒苋地方品种。灌阳镇各村有零星种植分布。

【主要特征特性】在南宁种植，出苗至开花75天，株高151.7cm，茎粗1.25cm，有效分枝数14.8个，花序长108.7cm，单穗粒重7.1g，千粒重0.59g，籽粒扁球形，黑色。每1000g籽粒含微量元素硒0.010mg，每100g籽粒含蛋白质15.4g、脂肪4.7g、淀粉37.5g。秀凤红苋适应性广，分枝多，再生能力强，籽粒品质好，抗病，耐贫瘠。

【利用价值】目前在生产上直接种植利用，在当地已种植20年以上，一般4月播种，9月收获。农户自行留种。茎秆可作为饲料，嫩茎叶可作为蔬菜食用，籽粒可做煎饼或制作成蛋白质粉添加剂等。

25. 玉洪苋菜

【学名】*Amaranthus paniculatus*

【采集地】广西百色市凌云县玉洪瑶族乡盘贤村。

【类型及分布】属于籽粒苋地方品种。玉洪瑶族乡各村有零星种植分布。

【主要特征特性】在南宁种植，出苗至开花 105 天，株高 252.0cm，茎粗 1.77cm，有效分枝数 11.8 个，花序长 69.3cm，单穗粒重 9.1g，千粒重 0.57g，籽粒扁球形，紫红色。每 1000g 籽粒含微量元素硒 0.046mg，每 100g 籽粒含蛋白质 15.1g、脂肪 5.9g、淀粉 38.8g。玉洪苋菜适应性广，植株高大，再生能力强，籽粒品质好，蛋白质含量高，耐贫瘠。

【利用价值】目前在生产上直接种植利用，在当地已种植 70 年以上，一般 3～10月种植。农户自行留种。茎秆可作为饲料，嫩茎叶可作为蔬菜食用，籽粒可做煎饼食用或制作成蛋白质粉。可在美丽乡村建设中作观赏植物种植。

26. 红穗苋

【**学名**】*Amaranthus paniculatus*

【**采集地**】广西百色市那坡县城厢镇那赖村。

【**类型及分布**】属于籽粒苋地方品种。城厢镇各村有零星种植分布。

【**主要特征特性**】在南宁种植，出苗至开花 60 天，株高 186.2cm，茎粗 1.63cm，有效分枝数 11.3 个，花序长 85.7cm，单穗粒重 18.6g，千粒重 0.82g，籽粒扁球形，紫红色。每 1000g 籽粒含微量元素硒 0.045mg，每 100g 籽粒含蛋白质 16.0g、脂肪 4.1g、淀粉 41.7g。红穗苋适应性广，植株高大，再生能力强，蛋白质、淀粉含量高，抗旱，抗蚜虫，抗叶斑病，耐贫瘠。

【**利用价值**】目前直接在生产上种植利用，在当地已种植 50 年以上，一般 3 月播种，11 月收获。农户自行留种。茎秆、叶可作为猪饲料，嫩茎叶可作为蔬菜，籽粒可制作糕点或蛋白质粉添加剂。可在景区作观赏植物种植。

27. 百都红苋

【**学名**】*Amaranthus paniculatus*

【**采集地**】广西百色市那坡县百都乡百都村。

【**类型及分布**】属于籽粒苋地方品种。百都乡各村有零星种植分布。

【**主要特征特性**】在南宁种植，出苗至开花 62 天，株高 148.3cm，茎粗 1.13cm，有效分枝数 9.3 个，花序长 72.3cm，单穗粒重 10.1g，千粒重 0.66g，籽粒扁球形，紫红色。每 1000g 籽粒含微量元素硒 0.039mg，每 100g 籽粒含蛋白质 12.1g、脂肪 4.2g、淀粉 42.3g。当地农户认为该品种适应性广，再生能力强，淀粉含量高，抗旱，耐贫瘠。

【**利用价值**】目前直接应用于生产，在当地已种植 30 年以上，一般 4 月播种，11 月收获。农户自行留种。茎秆、叶可作为饲料，穗可提取色素，嫩茎叶可作为蔬菜食用，籽粒可制作糕点或保健食品。

28. 渠洋苋菜

【**学名**】*Amaranthus paniculatus*

【**采集地**】广西百色市靖西市渠洋镇渠洋村。

【**类型及分布**】属于籽粒苋地方品种。渠洋镇各村有零星种植分布。

【**主要特征特性**】在南宁种植，出苗至开花 57 天，株高 142.9cm，茎粗 0.88cm，有效分枝数 8.2 个，花序长 65.6cm，单穗粒重 4.5g，千粒重 0.86g，籽粒扁球形，紫红色。每 1000g 籽粒含微量元素硒 0.076mg，每 100g 籽粒含蛋白质 14.8g、脂肪 3.5g、淀粉 34.9g。渠洋苋菜适应性广，富含微量元素硒，再生能力强，抗旱，耐贫瘠，但易倒伏。

【**利用价值**】目前直接在生产上种植利用，在当地已种植 50 年以上，一般 3～10 月种植。农户自行留种。茎叶可作为饲料，穗可提取色素，嫩茎叶可作为蔬菜，籽粒可制作糕点或加工成富硒保健食品。

29. 巴头白籽苋

【**学名**】*Amaranthus paniculatus*

【**采集地**】广西百色市德保县巴头乡多美村。

【**类型及分布**】属于籽粒苋地方品种。巴头乡各村有零星种植分布。

【**主要特征特性**】在南宁种植，出苗至开花 63 天，株高 175.4cm，茎粗 1.15cm，有效分枝数 20.0 个，花序长 83.8cm，单穗粒重 9.8g，千粒重 0.89g，籽粒扁球形，白色。每 1000g 籽粒含微量元素硒 0.075mg，每 100g 籽粒含蛋白质 14.7g、脂肪 4.4 g、淀粉 46.1g。巴头白籽苋适应性广，植株高大，分枝多，再生能力强，淀粉含量高，抗旱，抗虫，抗病，耐贫瘠。

【**利用价值**】目前直接在生产上种植利用，在当地已种植 50 年以上，一般 4 月播种，11 月收获。农户自行留种。茎秆、叶可作为饲料，穗可提取食用色素，嫩茎叶可作为蔬菜，籽粒可制作糕点或保健食品，可在乡村旅游区种植观赏。

30. 马隘红苋

【学名】*Amaranthus paniculatus*

【采集地】广西百色市德保县马隘镇排或村。

【类型及分布】属于籽粒苋地方品种。马隘镇各村有零星种植分布。

【主要特征特性】在南宁种植，出苗至开花 76 天，株高 172.1cm，茎粗 1.34cm，有效分枝数 13.2 个，花序长 72.6cm，单穗粒重 8.9g，千粒重 0.89g，籽粒扁平形，紫红色。每 1000g 籽粒含微量元素硒 0.049mg，每 100g 籽粒含蛋白质 15.4g、脂肪 4.1g、淀粉 42.4g。当地农户认为该品种适应性广，晚熟，再生能力强、优质，抗旱，耐贫瘠。

【利用价值】目前直接在生产上种植利用，在当地已种植 50 年以上，一般 3～10 月种植。农户自行留种。茎秆、叶可作为喂猪饲料，嫩茎叶可作为蔬菜，籽粒可制作糕点或保健食品，也可在乡村旅游区种植观赏。

31. 马隘白籽苋

【**学名**】*Amaranthus paniculatus*

【**采集地**】广西百色市德保县马隘镇排或村。

【**类型及分布**】属于籽粒苋地方品种。马隘镇各村有零星种植分布。

【**主要特征特性**】在南宁种植,出苗至开花 63 天,株高 171.8cm,茎粗 1.18cm,有效分枝数 16.0 个,花序长 97.1cm,单穗粒重 10.7g,千粒重 0.91g,籽粒扁球形,白色。每1000g 籽粒含微量元素硒 0.039mg,每 100g 籽粒含蛋白质 14.8g、脂肪 4.8g、淀粉 50.7g。马隘白籽苋适应性广,晚熟,再生能力强,淀粉含量高,抗旱,抗虫,抗病,耐贫瘠。

【**利用价值**】目前直接在生产上种植利用,在当地已种植 30 年以上,一般 4 月播种,11 月收获。农户自行留种。茎秆、叶可作为饲料,嫩茎叶可作为蔬菜,籽粒可制作糕点或加工成蛋白质粉添加剂。

32. 大寨红苋

【学名】*Amaranthus paniculatus*

【采集地】广西百色市隆林各族自治县沙梨乡沙梨村。

【类型及分布】属于籽粒苋地方品种。现种植分布少。

【主要特征特性】在南宁种植，出苗至开花 48 天，株高 153.2cm，茎粗 0.99cm，有效分枝数 14.0 个，花序长 67.1cm，单穗粒重 9.5g，千粒重 0.71g，籽粒扁平形，黑色。每 1000g 籽粒含微量元素硒 0.049mg，每 100g 籽粒含蛋白质 14.6g、脂肪 3.8g、淀粉 41.4g。当地农户认为该品种适应性广、早熟、熟色好、再生能力强、优质、抗旱、耐贫瘠。

【利用价值】目前直接在生产上种植利用，在当地已种植 30 年以上，3～10 月种植。农户自行留种。茎秆、叶可作为猪饲料，嫩茎叶可作为蔬菜食用，籽粒可制作糕点或蛋白质粉添加剂，也可在乡村旅游区种植作为观赏植物。

33. 沙里红米菜

【**学名**】*Amaranthus paniculatus*

【**采集地**】广西百色市凌云县沙里瑶族乡沙里村。

【**类型及分布**】属于籽粒苋地方品种。现种植分布少。

【**主要特征特性**】在南宁种植，出苗至开花 60 天，株高 174.1cm，茎粗 0.95cm，有效分枝数 12.0 个，花序长 86.3cm，单穗粒重 9.5g，千粒重 0.76g，籽粒扁圆形，紫红色。每 1000g 籽粒含微量元素硒 0.061mg，每 100g 籽粒含蛋白质 15.7g、脂肪 4.2g、淀粉 39.6g。当地农户认为该品种适应性广，熟色好，再生能力强，优质，抗旱，耐贫瘠。

【**利用价值**】目前直接应用于生产，在当地已种植 30 年以上，3～10 月种植。农户自行留种。茎秆、叶可作为饲料喂猪或作绿肥，嫩茎叶可作为蔬菜，籽粒可做煎饼或制作蛋白质粉添加剂。也可在新农村建设旅游区种植作为观赏植物。

34. 同乐红米菜

【学名】*Amaranthus paniculatus*

【采集地】广西百色市乐业县同乐镇武称村。

【类型及分布】属于籽粒苋地方品种。同乐镇各村有零星种植分布。

【主要特征特性】在南宁种植，出苗至开花 55 天，株高 170.4cm，茎粗 1.02cm，有效分枝数 14.3 个，花序长 68.3cm，单穗粒重 8.2g，千粒重 0.80g，籽粒扁圆形，紫红色。每 1000g 籽粒含微量元素硒 0.120mg，每 100g 籽粒含蛋白质 15.4g、脂肪 4.3g、淀粉 42.2g。同乐红米菜适应性广，熟色好，再生能力强，优质，微量元素硒含量高，抗旱，耐贫瘠。

【利用价值】目前直接应用于生产，在当地已种植 70 年以上，一般 3 月播种，10 月收获。农户自行留种，自产自销。茎叶可作为蔬菜食用或猪饲料，籽粒可加工成富硒蛋白质粉添加剂或制作食用天然色素。也可在乡村旅游区作为观赏植物种植。

35. 板洪红米菜

【学名】*Amaranthus paniculatus*

【采集地】广西百色市乐业县甘田镇板洪村。

【类型及分布】属于籽粒苋地方品种。现种植分布少。

【主要特征特性】在南宁种植，出苗至开花 48 天，株高 161.2cm，茎粗 1.03cm，有效分枝数 13.8 个，花序长 73cm，单穗粒重 7.0g，千粒重 0.71g，籽粒扁圆形，紫红色。每 1000g 籽粒含微量元素硒 0.107mg，每 100g 籽粒含蛋白质 15.7g、脂肪 4.4g、淀粉 41.4g。板洪红米菜适应性广，熟色好，再生能力强，优质，硒含量高，抗旱，耐寒，耐贫瘠。

【利用价值】目前直接应用于生产，在当地已种植 50 年以上，一般 3 月播种，10 月收获。农户自行留种，自产自销。茎叶可刈割多次用作喂猪、牛、羊的青饲料，嫩茎叶可作为蔬菜食用，籽粒可加工成富硒蛋白质粉产品或制作食用天然色素。还可在乡村旅游区种植观赏。

36. 弄瑶白籽苋

【学名】*Amaranthus paniculatus*

【采集地】广西百色市乐业县幼平乡百中村。

【类型及分布】属于籽粒苋地方品种。幼平乡各村有零星种植分布。

【主要特征特性】在南宁种植，出苗至开花 50 天，株高 159.8cm，茎粗 0.98cm，有效分枝数 16.0 个，花序长 91.6cm，单穗粒重 5.3g，千粒重 0.84g，籽粒扁球形，白色。每 1000g 籽粒含微量元素硒 0.104mg，每 100g 籽粒含蛋白质 16.2g、脂肪 4.3g、淀粉 51.4g。弄瑶白籽苋适应性广，再生能力强，淀粉、蛋白质含量高，富含微量元素硒，抗旱，抗虫，抗病，耐寒，耐贫瘠。

【利用价值】目前直接应用于生产，在当地已种植 50 年以上，一般 3 月播种，9 月收获。农户自行留种，自产自销。茎叶可刈割多次用作喂猪、牛、羊的青饲料，嫩茎叶可作为蔬菜食用，籽粒可加工成富硒蛋白质粉添加剂或制作食用天然色素。可在乡村旅游区种植观赏。可作为籽粒苋育种的亲本。

37. 陇弄红米菜

【学名】*Amaranthus paniculatus*

【采集地】广西河池市凤山县中亭乡陇弄村。

【类型及分布】属于籽粒苋地方品种。中亭乡各村有零星种植分布。

【主要特征特性】在南宁种植，出苗至开花 60 天，株高 182.1cm，茎粗 1.06cm，有效分枝数 18.0 个，花序长 79.8cm，单穗粒重 7.8g，千粒重 0.87g，籽粒扁球形，紫红色。每 1000g 籽粒含微量元素硒 0.015mg，每 100g 籽粒含蛋白质 15.5g、脂肪 4.1g、淀粉 45.6g。当地农户认为该品种适应性广，熟色好，再生能力强，优质，抗旱，耐贫瘠。

【利用价值】目前直接应用于生产，在当地已种植 50 年以上，一般 3 月播种，8 月收获。农户自行留种。茎叶可刈割多次用作喂猪、羊的青饲料，嫩茎叶可作为蔬菜食用，籽粒可加工成蛋白质粉添加剂或制作食用天然色素。

38. 寿源红米菜

【学名】*Amaranthus paniculatus*

【采集地】广西河池市凤山县三门海镇坡心村。

【类型及分布】属于籽粒苋地方品种，当地村民称为"长寿菜"。三门海镇各村有零星种植分布。

【主要特征特性】在南宁种植，出苗至开花55天，株高166.3cm，茎粗0.98cm，有效分枝数15.0个，花序长70.9cm，单穗粒重6.7g，千粒重0.87g，籽粒扁球形，紫红色。每1000g籽粒含微量元素硒0.097mg，每100g籽粒含蛋白质14.7g、脂肪4.0g、淀粉42.2g。寿源红米菜适应性广，熟色好，再生能力强，富含微量元素硒，抗旱，耐贫瘠。

【利用价值】目前直接应用于生产，在当地已种植50年以上，一般3～10月种植。农户自行留种。主要用作蔬菜食用，是当地长寿养生的一种绿色健康蔬菜和喂猪的优质饲料等，也可在乡村旅游养生区种植作为观赏植物，籽粒可加工成富硒健康长寿产品。

39. 那社红苋菜

【**学名**】*Amaranthus paniculatus*

【**采集地**】广西河池市巴马瑶族自治县那社乡那社村。

【**类型及分布**】属于籽粒苋地方品种。现种植分布少。

【**主要特征特性**】在南宁种植，出苗至开花 50 天，株高 162.1cm，茎粗 0.94cm，有效分枝数 17.0 个，花序长 83.5cm，单穗粒重 8.9g，千粒重 0.78g，籽粒扁球形，紫红色。每 1000g 籽粒含微量元素硒 0.088mg，每 100g 籽粒含蛋白质 15.2g、脂肪 4.0g、淀粉39.6g。当地农户认为该品种适应性广，熟色好，再生能力强，优质，抗旱，耐贫瘠。

【**利用价值**】目前直接应用于生产，在当地已种植 50 年以上，一般 3 月播种，8 月收获。农户自行留种。茎叶可作为蔬菜食用或猪饲料，籽粒可加工成富硒蛋白质粉添加剂。可在乡村旅游区种植作为观赏植物。

40. 命河红米菜

【学名】*Amaranthus paniculatus*

【采集地】广西河池市巴马瑶族自治县那社乡那社村。

【类型及分布】属于籽粒苋地方品种。现种植分布少。

【主要特征特性】在南宁种植，出苗至开花 65 天，株高 138.2cm，茎粗 1.09cm，有效分枝数 7.3 个，花序长 72.4cm，单穗粒重 18.3g，千粒重 0.56g，籽粒扁平形，粉色。每 1000g 籽粒含微量元素硒 0.058mg，每 100g 籽粒含蛋白质 14.4g、脂肪 4.7g、淀粉 45.6g。命河红米菜适应性广，花色鲜艳，花期长，熟色好，再生能力强，优质，抗旱，耐贫瘠，籽粒淀粉含量高，但植株易倒伏。

【利用价值】目前直接应用于生产，在当地已种植 30 年以上，一般 4 月播种，11 月收获。农户自行留种。茎叶可作为饲料，嫩茎叶可作为蔬菜食用，籽粒可煮粥食用或加工成籽粒苋产品。也可在乡村旅游区种植作为观赏植物。

41. 规乐苋菜

【**学名**】*Amaranthus paniculatus*

【**采集地**】广西百色市那坡县百省乡上华村。

【**类型及分布**】属于籽粒苋地方品种。百省乡各村有零星种植分布。

【**主要特征特性**】在南宁种植，出苗至开花 76 天，株高 194.2cm，茎粗 1.23cm，有效分枝数 15.3 个，花序长 98.4cm，单穗粒重 9.3g，千粒重 0.38g，籽粒扁球形，紫红色。每 1000g 籽粒含微量元素硒 0.061mg，每 100g 籽粒含蛋白质 14.8g、脂肪 4.7g、淀粉 39.5g。当地农户认为该品种适应性广，植株高大，熟色好，再生能力强，优质，抗旱，抗叶枯病，抗蚜虫，耐贫瘠，耐寒。

【**利用价值**】目前直接应用于生产，在当地已种植 50 年以上，一般 3 月播种，11 月收获。农户自行留种。茎叶可作为喂猪、羊、兔等牲畜的饲料，嫩茎叶可作为蔬菜食用，籽粒可做糍粑、煎饼食用或加工成蛋白质粉添加剂。根、茎煮水饮用有清热消暑之功效。可在乡村作为观赏植物种植，可作为籽粒苋育种亲本。

42. 三合红米菜

【学名】*Amaranthus paniculatus*

【采集地】广西百色市靖西市安德镇三合村。

【类型及分布】属于籽粒苋地方品种。安德镇各村有零星种植分布。

【主要特征特性】在南宁种植，出苗至开花 53 天，株高 169.5cm，茎粗 1.02cm，有效分枝数 16.0 个，花序长 88.7cm，单穗粒重 6.1g，千粒重 0.85g，籽粒扁球形，紫红色。每 1000g 籽粒含微量元素硒 0.046mg，每 100g 籽粒含蛋白质 14.5g、脂肪 5.1g、淀粉 46.2g。当地农户认为该品种适应性广、熟色好、再生能力强、优质、抗旱、耐贫瘠，但植株易倒伏。

【利用价值】目前直接应用于生产，在当地已种植 50 年以上，一般 3～10 月种植。农户自行留种。茎叶可作为饲料，嫩茎叶可作为蔬菜食用，籽粒可做煎饼食用，可在乡村种植用于观赏。

43. 德峨红米菜

【**学名**】*Amaranthus paniculatus*

【**采集地**】广西百色市隆林各族自治县德峨镇保上村。

【**类型及分布**】属于籽粒苋地方品种。德峨镇各村有零星种植分布。

【**主要特征特性**】在南宁种植，出苗至开花 55 天，株高 166.4cm，茎粗 1.19cm，有效分枝数 15.6 个，花序长 82.7cm，单穗粒重 7.6g，千粒重 0.72g，籽粒扁球形，紫红色。每 1000g 籽粒含微量元素硒 0.059mg，每 100g 籽粒含蛋白质 15.6g、脂肪 4.8g、淀粉 40.4g。当地农户认为该品种适应性广，熟色好，再生能力强，优质，抗旱，耐贫瘠，耐寒。

【**利用价值**】目前直接应用于生产，在当地已种植 50 年以上，一般 3～10 月种植。农户自行留种。多用作喂猪饲料，嫩茎叶可作为蔬菜食用，籽粒可做煎饼或加工成粉后煮粥食用，也可制作籽粒苋蛋白质粉添加剂等，或用于村边道路美化、房前观赏种植，也可作为籽粒苋育种亲本。

44. 伦界红苋

【学名】*Amaranthus paniculatus*

【采集地】广西河池市东兰县东兰镇伦界村。

【类型及分布】属于籽粒苋地方品种。现种植分布少。

【主要特征特性】在南宁种植，出苗至开花 58 天，株高 168cm，茎粗 1.3cm，有效分枝数 19.8 个，花序长 97.2cm，单穗粒重 9.4g，千粒重 0.54g，籽粒扁圆形，紫红色。每 1000g 籽粒含微量元素硒 0.067mg，每 100g 籽粒含蛋白质 14.3g、脂肪 4.6g、淀粉 42.2g。当地农户认为该品种适应性广，熟色好，再生能力强，优质，抗旱，耐贫瘠。

【利用价值】目前直接应用于生产，在当地已种植 50 年以上，一般 3～10 月种植。农户自行留种。多用作喂猪饲料，嫩叶可作为蔬菜食用，籽粒可做煎饼食用或制作食用天然色素等。可作为观赏植物用于乡村美化种植。

45. 那全苋

【学名】*Celosia argentea*

【采集地】广西百色市那坡县百都乡百都村。

【类型及分布】属于野生资源，是籽粒苋近缘植物青葙，茎叶绿色，花序为粉红色。百都乡各村有零星生长分布。

【主要特征特性】在南宁种植，出苗至开花48天，株高150.7cm，茎粗0.83cm，有效分枝数17.6个，花序长82.1cm，单穗粒重6.9g，千粒重0.53g，籽粒扁球形，黑色。每1000g籽粒含微量元素硒0.047mg，每100g籽粒含蛋白质13.8g、脂肪4.5g、淀粉29.1g。那全苋适应性广，株形直立，分枝多，再生能力强，淀粉含量低，抗旱，抗虫，抗病，耐贫瘠。

【利用价值】可在生产上直接种植利用，作饲料或观赏用，嫩茎叶煮水后可作为野菜食用，种子入药有清热明目的功效。可作为籽粒苋培育抗病品种的亲本。

第七章
广西荞麦种质资源

1.巴头荞麦

【**学名**】*Fagopyrum esculentum*（广西科学院广西植物研究所，1991）

【**采集地**】广西百色市德保县巴头乡巴头村。

【**类型及分布**】属于甜荞地方品种，巴头乡各村有零星种植分布。

【**主要特征特性**】在南宁冬种生育期90天，株高65.2cm，茎粗0.53cm，单株平均叶片数48.0片，主茎节数8.6节，主茎分枝数4.0个，籽粒长度0.56cm、宽度0.39cm，千粒重24.99g，花白色，籽粒三角形，褐色无光泽，当地村民也称三角麦、甜荞等。当地农户认为该品种枝叶茂盛，适应性广，优质，抗旱，耐贫瘠。

【**利用价值**】目前直接应用于生产，在当地有70年的种植历史。农户自行留种，自产自销。籽粒主要用于煮粥、做糍粑、做煎饼或作猪饲料。可作为荞麦育种亲本。

2. 多敬三角麦

【学名】*Fagopyrum esculentum*

【采集地】广西百色市德保县敬德镇多敬村。

【类型及分布】属于甜荞地方品种，敬德镇各村有零星种植分布。

【主要特征特性】在南宁冬种生育期 85 天，株高 73.8cm，茎粗 0.48cm，单株平均叶片数 38.0 片，主茎节数 9.3 节，主茎分枝数 2.7 个，籽粒长度 0.54cm、宽度 0.34cm，千粒重 21.72g，花粉白色，籽粒三角形，褐色无光泽，当地村民也称花荞、甜荞等。当地农户认为该品种适应性广，优质，抗旱。

【利用价值】目前直接应用于生产，在当地已种植 50 多年。农户自行留种，自产自销。籽粒主要用于煮粥、做糍粑、做煎饼或作猪饲料，可作为冬春季蜜源作物种植。

3. 江洞荞麦

【**学名**】*Fagopyrum esculentum*

【**采集地**】广西河池市东兰县东兰镇江洞村。

【**类型及分布**】属于甜荞地方品种，东兰镇各村有零星种植分布。

【**主要特征特性**】在南宁冬种生育期88天，株高69.4cm，茎粗0.51cm，单株平均叶片数31.3片，主茎节数8节，主茎分枝数3.0个，籽粒长度0.56cm、宽度0.33cm，千粒重25.76g，花粉白色，籽粒三角形，褐色无光泽，当地村民也称三角麦、甜荞或花荞等。当地农户认为该品种适应性广，优质，耐贫瘠。

【**利用价值**】目前直接应用于生产，在当地已种植70多年。农户自行留种，自产自销。籽粒主要用于煮粥、做糍粑、做煎饼或作牲畜饲料，常煮粥食用有降血压、降血脂、降血糖的保健功效，可作为冬春季蜜源作物种植。

4. 林洞三角麦

【**学名**】*Fagopyrum esculentum*

【**采集地**】广西河池市凤山县乔音乡大同村。

【**类型及分布**】属于甜荞地方品种，乔音乡各村有零星种植分布。

【**主要特征特性**】在南宁冬种生育期 85 天，株高 76.6cm，茎粗 0.49cm，单株平均叶片数 32.8 片，主茎节数 7.8 节，主茎分枝数 2.5 个，籽粒长度 0.57cm、宽度 0.35cm，千粒重 23.55g，花粉白色，籽粒三角形，褐色无光泽，当地村民也称甜荞、花荞等。当地农户认为该品种适应性广，优质，抗旱，耐贫瘠。

【**利用价值**】目前直接应用于生产，在当地已种植 60 多年，一般立秋后种植。农户自行留种，自产自销。籽粒主要用于煮粥、做糍粑、做煎饼或作牲畜饲料，嫩叶可做菜食用。

5. 三皇荞麦

【学名】*Fagopyrum esculentum*

【采集地】广西桂林市灌阳县水车镇三皇村。

【类型及分布】属于甜荞地方品种，水车镇各村有零星种植分布。

【主要特征特性】在南宁冬种生育期 85 天，株高 63.4cm，茎粗 0.46cm，单株平均叶片数 22.0 片，主茎节数 7.0 节，主茎分枝数 2.5 个，籽粒长度 0.54cm、宽度 0.35cm，千粒重 23.76g，花粉白色，籽粒三角形，褐色无光泽，当地村民也称三角麦、甜荞或花荞等。当地农户认为该品种适应性广，优质，耐寒，耐贫瘠。

【利用价值】目前直接应用于生产，在当地已种植 60 多年。农户自行留种，自产自销。籽粒主要用于煮粥、做糍粑、做煎饼或作牲畜饲料，可作为冬春季蜜源作物。

6. 禄峒三角麦

【学名】*Fagopyrum esculentum*

【采集地】广西百色市靖西市禄峒镇农贡村。

【类型及分布】属于甜荞栽培种，禄峒镇各村寨有零星种植分布。

【主要特征特性】在南宁冬种生育期 90 天，株高 67.3cm，茎粗 0.44cm，单株平均叶片数 35.5 片，主茎节数 8.0 节，主茎分枝数 3.0 个，籽粒长度 0.54cm，籽粒宽度 0.37cm，千粒重 22.73g，花粉白色，籽粒三角形，褐色无光泽，当地村民也称甜荞、花荞等。当地农户认为该品种适应性广、优质、抗旱、耐贫瘠。

【利用价值】目前直接应用于生产，在当地已种植 70 多年。农户自行留种，自产自销。籽粒主要用于煮粥，磨面做糍粑、做煎饼食用，可酿酒或作牲畜饲料，可作为早春蜜源作物，也可作为荞麦育种亲本。

7. 那洪三角麦

【**学名**】*Fagopyrum esculentum*

【**采集地**】广西百色市凌云县玉洪瑶族乡那洪村。

【**类型及分布**】属于甜荞地方品种，玉洪瑶族乡各少数民族村有零星种植分布。

【**主要特征特性**】在南宁冬种生育期为 90 天，株高 67.3cm，茎粗 0.44cm，单株平均叶片数 35.5 片，主茎节数 8.0 节，主茎分枝数 3.0 个，籽粒长度 0.54cm、宽度 0.37cm，千粒重 22.73g，花粉红色，籽粒三角形，褐色无光泽，当地村民也称花麦、甜荞等。当地农户认为该品种适应性广、优质、抗旱、耐贫瘠。

【**利用价值**】目前直接应用于生产，在当地已种植 70 多年。农户自行留种，自产自销。籽粒主要用于煮粥、做糍粑、酿酒或作为蜜源。可作为荞麦育种亲本。

8. 古砦三角麦

【**学名**】*Fagopyrum esculentum*

【**采集地**】广西柳州市柳城县古砦仫佬族乡独山村。

【**类型及分布**】属于甜荞地方品种，现种植分布少。

【**主要特征特性**】在南宁冬种生育期95天，株高65.7cm，茎粗0.52cm，单株平均叶片数32.0片，主茎节数8.0节，主茎分枝数3.0个，籽粒长度0.58cm、宽度0.37cm，千粒重24.31g，花白色，籽粒三角形，褐色无光泽，当地村民也称花麦、甜荞等。当地农户认为该品种适应性广，晚熟，优质，耐贫瘠。

【**利用价值**】目前直接应用于生产，在当地已种植50多年。农户自行留种，自家食用。籽粒主要用于煮粥、做糍粑或酿酒等，嫩茎叶可做菜食用或作饲料等。

9. 龙礼三角麦

【**学名**】*Fagopyrum esculentum*

【**采集地**】广西南宁市隆安县布泉乡龙礼村。

【**类型及分布**】属于甜荞地方品种，布泉乡各村有零星种植分布。

【**主要特征特性**】在南宁冬种生育期 85 天，株高 78.4cm，茎粗 0.43cm，单株平均叶片数 32.5 片，主茎节数 9.0 节，主茎分枝数 3.0 个，籽粒长度 0.57cm、宽度 0.34cm，千粒重 25.82g，花白色，籽粒三角形，褐色无光泽，当地村民也称甜荞、花荞等。当地农户认为该品种适应性广，优质，抗旱，耐贫瘠。

【**利用价值**】目前直接应用于生产，在当地已种植 50 多年。农户自行留种，自产自销。籽粒主要用于煮粥、做糍粑或酿酒、药用等，也可在乡村旅游区种植观赏，或作荞麦育种亲本。

10. 德峨甜荞

【**学名**】*Fagopyrum esculentum*

【**采集地**】广西百色市隆林各族自治县德峨镇夏家湾村。

【**类型及分布**】属于荞麦地方品种，德峨镇各村有零星种植分布。

【**主要特征特性**】在南宁冬种生育期 95 天，株高 64.6cm，茎粗 0.43cm，单株平均叶片数 29.3 片，主茎节数 9.0 节，主茎分枝数 3.2 个，籽粒长度 0.56cm、宽度 0.35cm，千粒重 21.09g，花粉白色，籽粒三角形，褐色无光泽，当地村民也称三角麦、花荞等。当地农户认为该品种适应性广，晚熟，优质，抗旱，耐寒，耐贫瘠。

【**利用价值**】目前直接应用于生产，在当地已种植 50 多年。农户自行留种，自产自销。籽粒主要用于煮粥、做糍粑或酿酒、药用等，也可作为高寒山区春季蜜源作物种植，或作培育矮秆荞麦品种的亲本。

11. 里当三角麦

【**学名**】*Fagopyrum esculentum*

【**采集地**】广西南宁市马山县里当瑶族乡里当村。

【**类型及分布**】属于甜荞地方品种，现种植分布少。

【**主要特征特性**】在南宁冬种生育期 87 天，株高 75.4cm，茎粗 0.44cm，单株平均叶片数 31.3 片，主茎节数 9.0 节，主茎分枝数 3.0 个，籽粒长度 0.56cm、宽度 0.35cm，千粒重 23.08g，花粉白色，籽粒三角形，褐色无光泽，当地村民也称甜荞或花荞等。当地农户认为该品种适应性广、优质、抗旱、耐贫瘠。

【**利用价值**】目前直接应用于生产，在当地已种植 50 多年。农户自行留种，自产自销。籽粒主要用于煮粥、做糍粑或酿酒、药用、饲用等。

2018-456

12. 甲坪荞麦

【学名】*Fagopyrum esculentum*

【采集地】广西河池市南丹县八圩乡甲坪村。

【类型及分布】属于甜荞地方品种，八圩乡各村有零星种植分布。

【主要特征特性】在南宁冬种生育期 90 天，株高 65.3cm，茎粗 0.46cm，单株平均叶片数 56.0 片，主茎节数 8.0 节，主茎分枝数 3.0 个，籽粒长度 0.56cm、宽度 0.37cm，千粒重 23.36g，花粉白色，籽粒三角形，褐色无光泽，当地村民也称三角麦、甜荞或花荞等。当地农户认为该品种适应性广，晚熟，优质，耐寒，耐贫瘠。

【利用价值】目前直接应用于生产，在当地已种植 70 多年。农户自行留种，自产自销。籽粒主要用于煮粥、做糍粑、做煎饼或酿酒、药用、饲用等，嫩茎叶可作为蔬菜食用。可作为荞麦育种亲本。

13. 白岭荞麦

【学名】*Fagopyrum esculentum*

【采集地】广西桂林市全州县东山瑶族乡白岭村。

【类型及分布】属于甜荞地方品种，现种植分布少。

【主要特征特性】在南宁冬种生育期 90 天，株高 67.0cm，茎粗 0.51cm，单株平均叶片数 32.0 片，主茎节数 7.0 节，主茎分枝数 3.0 个，籽粒长度 0.51cm、宽度 0.36cm，千粒重 23.42g，花粉红色，籽粒三角形，深褐色无光泽，当地村民也称三角麦、甜荞或花荞等。当地农户认为该品种适应性广，优质，耐寒，耐贫瘠。

【利用价值】目前直接应用于生产，在当地已种植 50 多年。农户自行留种，自产自销。籽粒主要用于煮粥、做糍粑、做煎饼或酿酒、药用、饲用等。可作为冬春季蜜源作物种植利用。

14. 和平荞麦

【学名】*Fagopyrum esculentum*

【采集地】广西柳州市融水苗族自治县同练瑶族乡和平村。

【类型及分布】属于荞麦地方品种，现种植分布少。

【主要特征特性】在南宁冬种生育期 90 天，株高 74.3cm，茎粗 0.48cm，单株平均叶片数 30.5 片，主茎节数 9.0 节，主茎分枝数 3.0 个，籽粒长度 0.54cm、宽度 0.36cm，千粒重 21.02g，花白色，籽粒三角形，褐色无光泽，当地村民也称三角麦、甜荞或花荞等。当地农户认为该品种适应性广，优质，耐阴，耐贫瘠。

【利用价值】目前直接应用于生产，在当地已种植 50 多年。农户自行留种，自家食用。籽粒主要用于煮粥、做糍粑、做煎饼或酿酒、药用、饲用等。可作为冬春季蜜源作物种植。

15. 望河三角麦

【**学名**】*Fagopyrum esculentum*

【**采集地**】广西南宁市上林县镇圩乡望河村。

【**类型及分布**】属于短日照作物，荞麦地方品种，镇圩乡各瑶族村寨有零星种植分布。

【**主要特征特性**】在南宁冬种生育期 85 天，株高 62.5cm，茎粗 0.35cm，单株平均叶片数 24.0 片，主茎节数 7.5 节，主茎分枝数 3.0 个，籽粒长度 0.55cm、宽度 0.35cm，千粒重 18.96g，花粉白色，瘦果三角形，褐色无光泽，当地村民也称甜荞或花荞等。当地农户认为该品种米质优，抗旱，耐贫瘠。

【**利用价值**】目前直接应用于生产，在当地已种植 60 多年。农户自行留种，自产自销。籽粒主要用于煮粥、做糍粑、做煎饼或药用、饲用等。可作为培育荞麦矮秆品种的亲本。

16. 朔晚荞麦

【学名】*Fagopyrum esculentum*

【采集地】广西百色市田东县义圩镇朔晚村。

【类型及分布】属于短日照作物，荞麦地方品种，义圩镇各少数民族村寨有零星种植分布。

【主要特征特性】在南宁冬种生育期87天，株高81.3cm，茎粗0.52cm，单株平均叶片数42.0片，主茎节数9.0节，主茎分枝数4.0个，籽粒长度0.57cm、宽度0.36cm，千粒重21.40g，花白色，籽粒三角形，褐色无光泽，当地村民也称三角麦、甜荞或花荞等。当地农户认为该品种适应性广，优质，抗旱，耐贫瘠。

【利用价值】目前直接应用于生产，在当地已种植70多年。农户自行留种，自产自销。籽粒主要用于做糍粑、煎饼或酿酒、饲用等。麦粉对皮肤过敏病有疗效。

2018-461

17. 安宁三角麦

【学名】*Fagopyrum esculentum*

【采集地】广西百色市田阳区巴别乡安宁村。

【类型及分布】属于荞麦地方品种，巴别乡各村有零星种植分布。

【主要特征特性】在南宁冬种生育期 87 天，株高 69.7cm，茎粗 0.49cm，单株平均叶片数 40.0 片，主茎节数 9.0 节，主茎分枝数 3.0 个，籽粒长度 0.54cm、宽度 0.36cm，千粒重 22.99g，花粉白色，瘦果三角形，褐色无光泽，当地村民也称甜荞或花荞等。当地农户认为该品种适应性广，面质优，耐贫瘠。

【利用价值】目前直接应用于生产，在当地已种植 60 多年。农户自行留种，自产自销。籽粒主要用于煮粥、做糍粑、做煎饼或酿酒、饲用等。可作为冬春季蜜源作物，或作荞麦育种亲本。

18. 龙滩荞麦

【学名】*Fagopyrum esculentum*

【采集地】广西百色市西林县那佐苗族乡龙滩村。

【类型及分布】属于荞麦地方品种，那佐苗族乡种植分布少。

【主要特征特性】在南宁冬种生育期 90 天，株高 66.0cm，茎粗 0.47cm，单株平均叶片数 30.0 片，主茎节数 8.0 节，主茎分枝数 3.4 个，籽粒长度 0.56cm、宽度 0.33cm，千粒重 16.91g，花粉红色，瘦果三角形，褐色无光泽，当地村民也称三角麦、甜荞或花荞等。当地农户认为该品种花色鲜艳，适应性广，优质，抗旱，耐贫瘠。

【利用价值】目前直接应用于生产，在当地已种植 60 多年。农户自行留种，自产自销。籽粒主要用于做糍粑、煎饼或酿酒、饲用等，常食用有降血压、降血脂、降血糖的保健功效。可作为冬春季节蜜源作物种植利用。可作为荞麦育种亲本。

19. 龙图荞麦

【学名】*Fagopyrum esculentum*

【采集地】广西来宾市忻城县马泗乡龙图村。

【类型及分布】属于荞麦地方品种，马泗乡种植分布少。

【主要特征特性】在南宁冬种生育期 85 天，株高 73.4cm，茎粗 0.42cm，单株平均叶片数 28.0 片，主茎节数 7.5 节，主茎分枝数 2.0 个，籽粒长度 0.56cm、宽度 0.37cm，千粒重 23.81g，花粉白色，瘦果三角形，褐色无光泽，当地村民也称三角麦、甜荞或花荞等。当地农户认为该品种适应性广，优质，耐旱，耐贫瘠。

【利用价值】目前直接应用于生产，在当地已种植 70 多年。农户自行留种，自产自销。籽粒主要用于煮粥、做糍粑、做煎饼或酿酒、饲用等。也可作为冬春季节蜜源作物种植。

20. 西塘荞麦

【学名】*Fagopyrum esculentum*

【采集地】广西桂林市阳朔县兴坪镇西塘村。

【类型及分布】属于荞麦地方品种，兴坪镇种植分布少。

【主要特征特性】在南宁冬种生育期 85 天，株高 64.8cm，茎粗 0.44cm，单株平均叶片数 32.0 片，主茎节数 7.5 节，主茎分枝数 2.0 个，籽粒长度 0.51cm、宽度 0.32cm，千粒重 19.49g，花粉白色，瘦果三角形，褐色无光泽，当地村民也称三角麦、甜荞或花荞等。当地农户认为该品种适应性广、矮秆、优质、抗旱、耐贫瘠。

【利用价值】目前直接应用于生产，在当地已种植 70 多年。农户自行留种，自家食用。籽粒主要用于煮粥、做糍粑，或酿酒、饲用和保健药用等。

21. 秋荞

【学名】*Fagopyrum esculentum*

【采集地】广西百色市靖西市南坡乡底定村。

【类型及分布】属于荞麦地方品种，因在立秋前后种植而得名，南坡乡各村有零星种植分布。

【主要特征特性】在南宁冬种生育期90天，株高87.3cm，茎粗0.45cm，单株平均叶片数28.0片，主茎节数9.0节，主茎分枝数3.0个，籽粒长度0.55cm、宽度0.36cm，千粒重24.55g，花白色，瘦果三角形，褐色无光泽，当地村民也称三角麦、甜荞或花荞等。当地农户认为该品种适应性广，晚熟，优质，抗旱，耐寒，耐贫瘠。

【利用价值】目前直接应用于生产，在当地已种植50多年。农户自行留种，自产自销。籽粒主要用于煮粥、煮饭、做糍粑或饲用等，嫩茎叶可作为蔬菜食用。可作为荞麦育种亲本。

2018-467

22. 个宝三角麦

【学名】*Fagopyrum esculentum*

【采集地】广西百色市靖西市壬庄乡个宝村。

【类型及分布】属于荞麦地方品种，壬庄乡各村有零星种植分布。

【主要特征特性】在南宁冬种生育期90天，株高84.3cm，茎粗0.48cm，单株平均叶片数24.0片，主茎节数9.0节，主茎分枝数3.0个，籽粒长度0.56cm、宽度0.38cm，千粒重24.31g，花白色，瘦果三角形，褐色无光泽，当地村民也称甜荞或花荞等。当地农户认为该品种适应性广，优质，耐贫瘠。

【利用价值】目前直接应用于生产，在当地已种植60多年。农户自行留种，自产自销。籽粒主要用于煮粥、做煎饼或饲用等，嫩茎叶可作为蔬菜炒食。

23.同德荞麦

【学名】*Fagopyrum esculentum*

【采集地】广西百色市靖西市同德乡同德村。

【类型及分布】属于甜荞地方品种，现种植分布少。

【主要特征特性】在南宁冬种生育期 90 天，株高 70.9cm，茎粗 0.41cm，单株平均叶片数 32.0 片，主茎节数 8.0 节，主茎分枝数 3.0 个，籽粒长度 0.56cm、宽度 0.35cm，千粒重 21.5g，花粉白色，瘦果三角形，褐色无光泽，当地村民也称三角麦、甜荞或花荞等。当地农户认为该品种适合在秋收后的冬闲田种植，面质优，耐寒，耐贫瘠。

【利用价值】目前直接应用于生产，在当地已种植 70 多年。农户自行留种，自产自销。籽粒主要用于煮粥、做糍粑、做煎饼或保健药用等。可作为荞麦育种亲本。

24. 板洪荞籽

【学名】*Fagopyrum esculentum*

【采集地】广西百色市乐业县甘田镇板洪村。

【类型及分布】属于荞麦地方品种，短日照作物，甘田镇各村有零星种植分布。

【主要特征特性】在南宁冬种生育期85天，株高67.9cm，茎粗0.39cm，单株平均叶片数22.0片，主茎节数8.0节，主茎分枝数2.0个，籽粒长度0.57cm、宽度0.39cm，千粒重24.89g，花粉红色，瘦果三角形，褐色无光泽，当地村民也称三角麦、甜荞或花荞等。当地农户认为该品种花色鲜艳，适应性广，优质，抗旱，耐贫瘠。

【利用价值】目前直接应用于生产，在当地已种植30多年。农户自行留种，自产自销。籽粒主要用于煮粥、做糍粑、做煎饼或药用，还可做面条、凉粉等食品，也可作为冬春季节蜜源作物种植。

25. 弄王甜荞

【**学名**】*Fagopyrum esculentum*

【**采集地**】广西百色市凌云县泗城镇陇浩村。

【**类型及分布**】属于荞麦地方品种，短日照作物，泗城镇各村有零星种植分布。

【**主要特征特性**】在南宁冬种生育期 85 天，株高 75.1cm，茎粗 0.43cm，单株平均叶片数 30.0 片，主茎节数 8.0 节，主茎分枝数 2.8 个，籽粒长度 0.58cm、宽度 0.39cm，千粒重 24.39g，花粉白色，瘦果三角形，褐色无光泽，当地村民也称三角麦、甜荞或花荞等。当地农户认为该品种适合处暑前后种植，优质，抗旱，耐贫瘠。

【**利用价值**】目前直接应用于生产，在当地已种植 50 多年。农户自行留种，自产自销。籽粒主要用于煮粥、做糍粑、做煎饼，或酿酒、药用、饲用等。可作为冬春季蜜源作物。

26. 巴雷花荞

【学名】*Fagopyrum esculentum*

【采集地】广西河池市凤山县金牙瑶族乡坡茶村。

【类型及分布】属于荞麦地方品种，金牙瑶族乡各村有零星种植分布。

【主要特征特性】在南宁冬种生育期 85 天，株高 70.8cm，茎粗 0.45cm，单株平均叶片数 26.0 片，主茎节数 8.0 节，主茎分枝数 2.5 个，籽粒长度 0.59cm、宽度 0.40cm，千粒重 26.14g，花粉白色，瘦果三角形，褐色无光泽，当地村民也称三角麦、甜荞等。当地农户认为该品种适合在高海拔的坡地种植，籽粒大，面质优，耐寒，耐贫瘠。

【利用价值】目前直接应用于生产，在当地已种植 60 多年。农户自行留种，自产自销。籽粒主要用于煮粥、做糍粑或药用等。可在 1000m 高海拔的旱坡地、农田种植。也可作为培育荞麦耐寒品种的亲本。可作为高寒山区冬春季蜜源作物。

27. 德纳三角麦

【学名】*Fagopyrum esculentum*

【采集地】广西河池市巴马瑶族自治县凤凰乡德纳村。

【类型及分布】属于荞麦地方品种，现种植分布少。

【主要特征特性】在南宁冬种生育期 90 天，株高 85.4cm，茎粗 0.44cm，单株平均叶片数 32.0 片，主茎节数 10 节，主茎分枝数 3.0 个，籽粒长度 0.56cm、宽度 0.39cm，千粒重 22.97g，花白色，瘦果三角形，褐色无光泽，当地村民也称甜荞或花荞等。当地农户认为该品种适应性广，优质，抗旱，耐贫瘠。

【利用价值】目前直接应用于生产，在当地已种植 50 多年。农户自行留种，自产自销。主要用于煮粥、做糍粑、做煎饼，或酿酒、药用和饲用等。可作为旅游开发的绿色健康长寿食品。

28. 龙那三角麦

【学名】*Fagopyrum esculentum*

【采集地】广西南宁市马山县里当瑶族乡龙那村。

【类型及分布】属于荞麦地方品种，现种植分布少。

【主要特征特性】在南宁冬种生育期 80 天，株高 66.8cm，茎粗 0.40cm，单株平均叶片数 22.0 片，主茎节数 8.0 节，主茎分枝数 3.0 个，籽粒长度 0.61cm、宽度 0.40cm，千粒重 21.47g，花粉白色，瘦果三角形，褐色无光泽，当地村民也称甜荞或花荞等。当地农户认为该品种适应性广、优质、抗旱、耐贫瘠。

【利用价值】目前直接应用于生产，在当地已种植 50 多年。农户自行留种，自产自销。籽粒主要用于煮粥、煮饭、做煎饼食用或药用、饲用等，嫩茎叶可作为蔬菜食用。可作为培育荞麦早熟品种的亲本，或作为冬春季蜜源作物种植。

29. 东山花荞

【学名】*Fagopyrum esculentum*

【采集地】广西河池市环江毛南族自治县川山镇东山村。

【类型及分布】属于荞麦地方品种，川山镇各村有零星种植分布。

【主要特征特性】在南宁冬种生育期 85 天，株高 69.6cm，茎粗 0.40cm，单株平均叶片数 24.0 片，主茎节数 8.0 节，主茎分枝数 2.5 个，籽粒长度 0.59cm、宽度 0.39cm，千粒重 22.43g，花粉白色，瘦果三角形，褐色无光泽，当地村民也称三角麦、甜荞等。当地农户认为该品种适应性广，优质，耐寒，耐贫瘠。

【利用价值】目前直接应用于生产，在当地已种植 50 多年。农户自行留种，自产自销。籽粒主要用于煮粥、做糍粑或药用、饲用等，嫩茎叶可作为蔬菜食用。可作为荞麦育种的亲本，或作为冬春季蜜源作物种植。

2018-484

30. 七洞三角麦

【**学名**】*Fagopyrum esculentum*

【**采集地**】广西河池市宜州区龙头乡七洞村。

【**类型及分布**】属于荞麦地方品种，龙头乡各村有零星种植分布。

【**主要特征特性**】在南宁冬种生育期 85 天，株高 64.5cm，茎粗 0.39cm，单株平均叶片数 22.0 片，主茎节数 8.0 节，主茎分枝数 3.0 个，籽粒长度 0.55cm、宽度 0.38cm，千粒重 22.12g，花粉白色，瘦果三角形，褐色无光泽，当地村民也称甜荞或花荞等。当地农户认为该品种适应性广、优质、抗旱、耐贫瘠。

【**利用价值**】目前直接应用于生产，在当地已种植 50 多年。农户自行留种，自产自销。籽粒主要用于煮粥、做糍粑、做煎饼，或药用和饲用等，常食荞麦粥对降血压、降血脂、降血糖有疗效，嫩茎叶可作为蔬菜食用。

2018-485

31. 下乐荞麦

【**学名**】*Fagopyrum esculentum*

【**采集地**】广西桂林市全州县石塘镇下乐村。

【**类型及分布**】属于荞麦地方品种，现种植分布少。

【**主要特征特性**】在南宁冬种生育期 85 天，株高 64.0cm，茎粗 0.36cm，单株平均叶片数 22.0 片，主茎节数 7.0 节，主茎分枝数 2.0 个，籽粒长度 0.58cm、宽度 0.41cm，千粒重 23.23g，花粉红色，瘦果三角形，褐色无光泽，当地村民也称三角麦、甜荞或花荞等。当地农户认为该品种适应性广，面质优，抗旱，耐贫瘠。

【**利用价值**】目前直接应用于生产，在当地已种植 50 多年。农户自行留种，自产自销。籽粒主要用于煮粥、做糍粑，或药用、饲用等，茎、叶、花可制作枕芯，有安神益智的功效。

32. 小禾坪荞麦

【学名】*Fagopyrum esculentum*

【采集地】广西桂林市全州县东山瑶族乡小禾坪村。

【类型及分布】属于荞麦地方品种，东山瑶族乡各瑶族村寨有零星种植分布。

【主要特征特性】在南宁冬种生育期 85 天，株高 62.8cm，茎粗 0.43cm，单株平均叶片数 30.0 片，主茎节数 8.0 节，主茎分枝数 3.0 个，籽粒长度 0.69cm、宽度 0.43cm，千粒重 25.67g，花粉红色，瘦果三角形，褐色无光泽，当地村民也称三角麦、甜荞或花荞等。当地农户认为该品种矮秆，适应性广，优质，抗旱，耐寒，耐贫瘠。

【利用价值】目前直接应用于生产，在当地已种植 50 多年。农户自行留种，自产自销。籽粒主要用于煮粥、做糍粑，或酿酒、饲用、药用等。可在干旱贫瘠石山区作冬春季蜜源作物种植。可作为培育大粒荞麦品种的亲本。

33. 王家荞麦

【学名】*Fagopyrum esculentum*

【采集地】广西桂林市全州县大西江镇锦塘村。

【类型及分布】属于荞麦地方品种，现种植分布少。

【主要特征特性】在南宁冬种生育期 80 天，株高 67.0cm，茎粗 0.39cm，单株平均叶片数 20.0 片，主茎节数 7.0 节，主茎分枝数 2.3 个，籽粒长度 0.54cm、宽度 0.38cm，千粒重 21.85g，花粉红色，瘦果三角形，褐色无光泽，当地村民也称三角麦、甜荞或花荞等。当地农户认为该品种适应性广，早熟，优质，抗旱，耐贫瘠。

【利用价值】目前直接应用于生产，在当地已种植 20 多年。农户自行留种，自产自销。籽粒主要用于煮粥、做糍粑，或酿酒、饲用等。可作为培育荞麦矮秆早熟品种的亲本，或作冬春季蜜源作物。

34. 巴头苦荞

【**学名**】*Fagopyrum tataricum*（广西科学院广西植物研究所，1991）

【**采集地**】广西百色市德保县巴头乡巴头村。

【**类型及分布**】属于苦荞地方品种，现种植分布少。

【**主要特征特性**】在南宁冬种生育期 107 天，株高 85.6cm，茎粗 0.58cm，单株平均叶片数 60.8 片，主茎节数 10.2 节，主茎分枝数 4.2 个，籽粒长度 0.44cm、宽度 0.29cm，千粒重 15.81g，花小，黄绿色，瘦果长卵形，褐色无光泽。当地农户认为该品种适应性广，优质，耐寒，耐贫瘠。

【**利用价值**】目前直接应用于生产，在当地有 70 年的种植历史，一般在山坡旱地、农田种植，分春播和秋播两季。农户自行留种，自产自销。籽粒主要用于煮粥、做糍粑、做煎饼，或酿酒、药用等，常食有降血压、降血脂、降血糖的功效。

35. 龙洋苦荞

【**学名**】*Fagopyrum tataricum*

【**采集地**】广西百色市乐业县同乐镇龙洋村。

【**类型及分布**】属于苦荞地方品种，现种植分布少。

【**主要特征特性**】在南宁冬种生育期 102 天，株高 87.5cm，茎粗 0.59cm，单株平均叶片数 34.5 片，主茎节数 10.5 节，主茎分枝数 4.0 个，籽粒长度 0.49cm、宽度 0.28cm，千粒重 17.55g，花小，淡黄绿色，瘦果较小，具 3 锐棱，褐色无光泽，因果实有苦味，磨粉如麦面而得名。当地农户认为该品种适应性广、晚熟、优质、抗旱、耐寒、耐贫瘠。

【**利用价值**】目前直接应用于生产，在当地已种植 60 多年。农户自行留种，自产自销。籽粒主要用于煮粥、做糍粑、做煎饼或药用等，也可制作苦荞茶饮用，对高血压、高血脂、高血糖等有疗效。可作为荞麦育种亲本。

36. 陇凤苦荞

【学名】*Fagopyrum tataricum*

【采集地】广西百色市凌云县下甲镇陇凤村。

【类型及分布】属于苦荞地方品种，现种植分布少。

【主要特征特性】在南宁冬种生育期 102 天，株高 115cm，茎粗 0.73cm，单株平均叶片数 43.3 片，主茎节数 11 节，主茎分枝数 5.7 个，籽粒长度 0.48cm、宽度 0.32cm，千粒重 17.33g，花小，淡黄绿色，瘦果较小，具 3 锐棱，褐色无光泽，因果实有苦味，磨粉如麦面而得名。当地农户认为该品种高秆，优质，抗旱，耐寒，耐贫瘠。

【利用价值】目前直接应用于生产，在当地已种植 30 多年。农户自行留种，自产自销。籽粒主要用于煮粥、做糍粑、做煎饼或药用等，也可制作苦荞茶饮用，常食对高血压、高血脂、高血糖等有疗效。可作为荞麦育种亲本。

2018-477

37. 弄王苦荞

【学名】*Fagopyrum tataricum*

【采集地】广西百色市凌云县泗城镇陇浩村。

【类型及分布】属于苦荞地方品种，现种植分布少。

【主要特征特性】在南宁冬种生育期 85 天，株高 85.0cm，茎粗 0.47cm，单株平均叶片数 32.0 片，主茎节数 10.5 节，主茎分枝数 3 个，籽粒长度 0.45cm、宽度 0.30cm，千粒重 18.32g，花小，淡黄绿色，瘦果较小，具 3 锐棱，褐色无光泽，因果实有苦味，磨粉如麦面而得名。当地农户认为该品种早熟，适应性广，优质，耐贫瘠。

【利用价值】目前直接应用于生产，在当地已种植 50 多年。农户自行留种，自产自销。籽粒主要用于煮粥、做糍粑、做煎饼或药用等，也可制作苦荞茶，或作培育苦荞早熟品种的亲本。花、茎叶可做枕芯，有安神益智的功效。

38. 王家苦荞

【学名】*Fagopyrum tataricum*

【采集地】广西桂林市全州县大西江镇锦塘村。

【类型及分布】属于苦荞地方品种，现种植分布少。

【主要特征特性】在南宁冬种生育期 105 天，株高 93.8cm，茎粗 0.59cm，单株平均叶片数 38.0 片，主茎节数 12.0 节，主茎分枝数 5 个，籽粒长度 0.48cm、宽度 0.28cm，千粒重 20.42g，花小，淡黄绿色，瘦果较小，三棱形，褐色无光泽，因果实有苦味，磨粉如麦面而得名。当地农户认为该品种适应性广，优质，抗旱，耐贫瘠。

【利用价值】目前直接应用于生产，在当地已种植 50 多年。农户自行留种，自产自销。籽粒主要用于煮粥、做糍粑、做煎饼，或酿酒、饲用等，也可制作苦荞茶用于高血压、高血脂和高血糖慢性病患者的辅助治疗等。

39. 车田野荞

【**学名**】*Polygonum cymosum*

【**采集地**】广西桂林市资源县车田苗族乡车田村。

【**类型及分布**】属于野生资源，荞麦野生种，越年生，现生长分布少。

【**主要特征特性**】在南宁冬种生育期 108 天，株高 67.0cm，茎粗 0.47cm，单株平均叶片数 68.0 片，主茎节数 16.3 节，主茎分枝数 5.1 个，籽粒长度 0.68cm、宽度 0.49cm，千粒重 38.05g。植株高大，具木质块状根茎，花白色，瘦果三角形，褐色无光泽，粒大。当地村民也称野荞、酸模、猪菜等，村民认为该品种适应性广，优质，抗旱，耐贫瘠。

【**利用价值**】可在生产上种植利用，作饲料或药用；嫩茎叶可做菜食用，有清热解毒、健脾止泻、降脂降糖的功效。可作为培育大粒荞麦品种的亲本，以及荞麦分类、遗传研究的材料。

参 考 文 献

广西科学院广西植物研究所. 1991. 广西植物志(第一卷)种子植物. 南宁: 广西科学技术出版社: 534-536, 554-560.

广西壮族自治区中国科学院广西植物研究所. 2016. 广西植物志(第五卷)单子叶植物. 南宁: 广西科学技术出版社: 847-849, 931-933, 972-973, 994-995.

刘欢, 曾飞燕, 刘青. 2014. 高粱属植物的地理分布. 热带亚热带植物学报, 22(1): 1-11.

陆平. 2006a. 高粱种质资源描述规范和数据标准. 北京: 中国农业出版社.

陆平. 2006b. 谷子种质资源描述规范和数据标准. 北京: 中国农业出版社.

陆平, 覃初贤, 李英材. 1995. 我国爆粒高粱资源的发现与初步鉴定. 作物品种资源, 4: 29-30.

陆平, 孙鸿良, 等. 2007. 籽粒苋种质资源描述规范和数据标准. 北京: 中国农业出版社.

石明, 李祥栋, 秦礼康. 2017. 薏苡种质资源描述规范和数据标准. 北京: 中国农业出版社.

张宗文, 林汝法. 2007. 荞麦种质资源描述规范和数据标准. 北京: 中国农业出版社.

左志明, 陆平. 1996. 桂西作物种质资源考察研究综合简报. 广西农业科学, 1: 15-17.

索　引